Gebäude für den Rand — ab Seite 44

In großen Baugrößen herrscht für Modellanlagen in der Regel Platzmangel. Folglich muss man sich mit nur angedeuteten Gebäuden zufrieden geben. Leider ist das käufliche Angebot sehr klein, weshalb man auf den Selbstbau ausweichen muss, um Vielfalt zu bekommen. Anhand historischer Fachwerkfassaden wird gezeigt, mit welchen Mitteln man zu beeindruckenden Modellen gelangen kann, auch in kleineren Maßstäben. Ganz nebenbei erfährt man auch viel über die Verwitterung bei realen Bauwerken, was aufs Modell übertragbar ist.

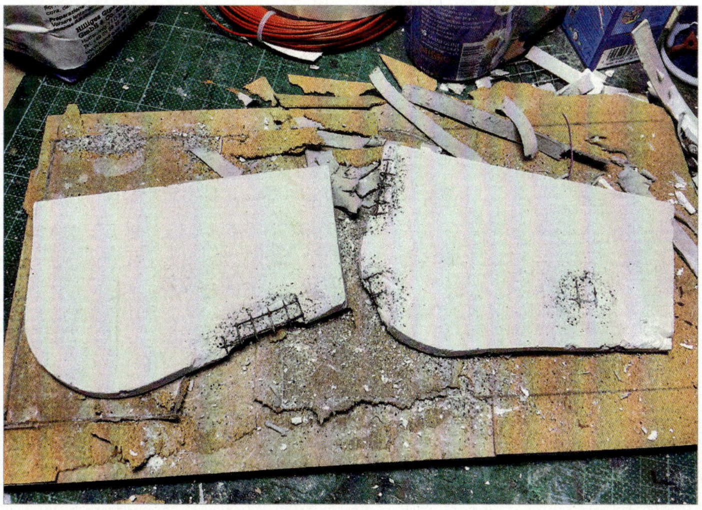

Marode Bauteile — ab Seite 52

Bei den Zubehöranbietern fehlen glaubwürdig heruntergekommene Gebäude. Folglich muss man auf den Eigenbau zurückgreifen. Thomas Schmid zeigt verschiedene Methoden, um wirklich eindrucksvolle Häuserfassaden zu bekommen, die wir beim Vorbild ablehnen würden.

Sturm am Abend — ab Seite 60

Diese herbstliche Schauanlage besticht durch ihre Lichtstimmung, erzeugt mit LED-Technik in den Häusern, auf der Straße sowie beim Ausleuchten der Anlage. Ziehende Wolken am Himmel simulieren Wind.

Was ist Urmodellbau? — ab Seite 84

In Weißmetall oder Messing hergestellte Modelle benötigen eine Urform, aus der später die Serienteile hergestellt werden. Die Urform bleibt aber ein Unikat und erfordert höchste Modellbaukunst.

Gelaserte Bauwerke — ab Seite 20

Zahlreiche Hersteller buhlen mit ihren Lasercut-Produkten um die Gunst der Käufer. Der interessierte Anlagenbauer hat ein riesiges Angebot unterschiedlichster Bauwerke mit genauso unterschiedlichen Materialien und damit die Qual der Wahl. Wir helfen durch kritische Betrachtungen.

Die Nachbildung einer Großindustrie wie dieser Ruhrgebiets-Kokerei, war in der Vergangenheit aus Kostengründen in Kunststoff undenkbar. Aus Karton gefertigt hat HMB bzw. Joswood diese Marktlücke dank der Lasertechnik bereits vor einigen Jahren geschlossen.

Von der Großindustrie bis zum kleinen Reihenhaus

Heute kann jeder dank der Angebotsfülle seine Anlagenträume verwirklichen. Das trifft auch auf den Gebäudesektor zu. Naturgemäß ist das Angebot in H0 aber am größten.

Vielfalt

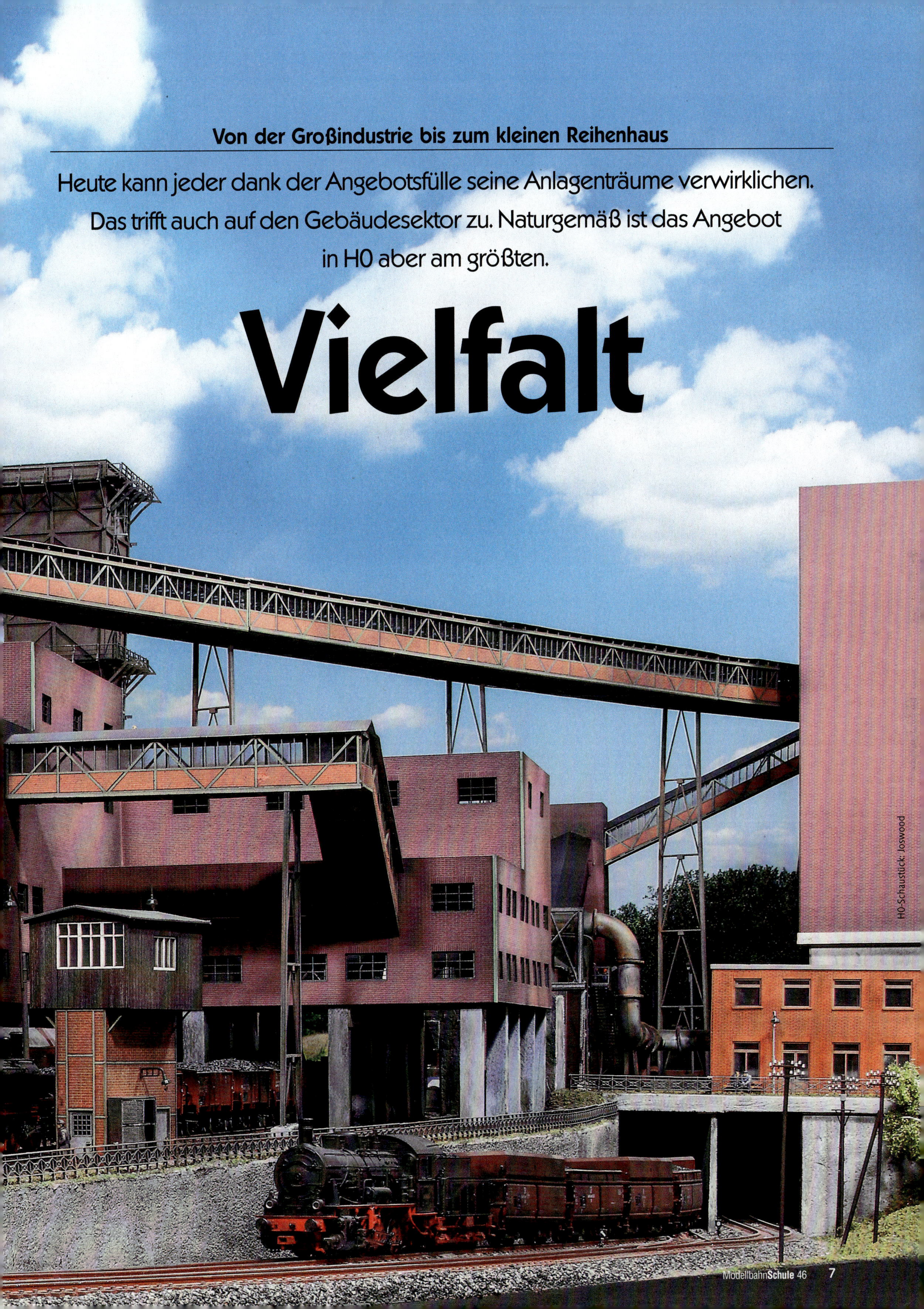

H0-Schaustück: Joswood

»Bausätze aus Resin und Kunststoff haben eine hohe Dreidimensionalität«

H0-Schaustück: Preiser

Polystyrol-Bausätze sind seit Jahrzehnten der Standard bei Gebäudemodellen. Ihre Auswahl ist groß und sie lassen sich vergnüglich zusammenbauen.

Resin-Modelle, hier von Artitec, werden erst durch das Bemalen zum Leben erweckt. Eine künstlerische Hand kann sie wie echt aussehen lassen.

H0-Schaustück: Artitec

89

»Lasercut-Modelle benötigen Sonderlösungen bei ungewöhnlichen Formen«

H0-Schaustück: Kai Brenneis

Seit es das Herstellungsverfahren mittels eines Lasers gibt, sind zahlreiche Hafenminiaturen zur Gestaltung von Binnen- und Seehäfen bei Kleinserienherstellern erschienen. Selbst Schiffe gehören dazu, benötigen aber zusätzliche 3-D-Druckteile.

Alle Fotos: Markus Tiedtke (4)

Die Klassiker

Die Vielfalt von Polystrol-Bausätzen ist groß

Kunststoffbausätze gibt es seit den frühen 1960er-Jahren. Sie sind als preiswerte Massenware gedacht und werden in teuren Metallformen produziert. Bis heute hat sich an dieser Herstellung von Modellen nichts geändert.

Polystyrol ist der bekannteste aller Kunststoffe und aus unserem Hobby Modellbahn nicht wegzudenken. Seinen Siegeszug bei den Gebäudebausätzen trat er Anfang der 1960er-Jahre in Deutschland an und ist auch heute noch das meistgenutzte Material für die Herstellung von Miniaturbauwerken. Nicht nur sein niedriger Preis, sondern auch seine einfache Verarbeitung ließ ihn in der Industrie als Massenkunststoff Nummer Eins werden. Unsere gesamte Modellindustrie stützt sich auf das Polystyrol, egal ob bei Gebäudebausätzen, Kleinteilen, Figuren, Autos, Schiffen, Flugzeugen, Lokomotiven oder Waggons. Polystyrol trifft man bei jedem Plastikbausatz an.

H0-Anlage: Ulrich Gröger

Das Bauernhaus mit Stall von Faller ist ein Klassiker, der bereits in den 1960er-Jahren aus Polystyrol hergestellt wurde.

Heute ist kaum eine Modellbahnanlage ohne Gebäude und Bauwerke aus dem Kunststoff Polystyrol denkbar.

Die Vielfalt von Bauwerken aus Polystyrol

Modellgebäude, hier von Kibri, die mehrfarbig hergestellt werden, wirken sehr lebendig und ersparen dem Bastler das Bemalen.

H0-Schaustück: Faller

Faller ist bekannt für stetige Neuentwicklungen von Polystyrol-Modellen. Einige Fassadenteile werden mit wässrigen Farben leicht gealtert.

Vielen Polystyrol-Bausätzen liegen auch passende Zubehörteile zur Dekoration bei. Hier sieht man das Backhaus von Vollmer in H0.

Das Angebot an Polystyrol-Gebäuden ist groß. Auch Großindustrieanlagen wie diese Zeche von Faller in H0 gehören dazu.

H0-Schaustück: Faller

Faller ist auch heute noch Meister in der Herstellung von Polystyrol-Bausätzen, wie das Schloss Bran in H0 als Neuentwicklung zeigt.

Der Fernsehturm von Ostberlin ist zwar kein maßstäbliches H0-Modell von Faller, aber mit einer Höhe von 1,20 m immer noch ein imposantes Modell für die Nenngröße H0 und bietet sich auch für TT an.

H0-Schaustück: Faller

H0-Schaustück: Trinom

Walthers in Amerika hatte schon früh den Mut gehabt, auch große Industrieanlagen wie den Hochofen in H0 zu produzieren.

Foto: Oliver Strüber/Trinom

Eine Stärke des Spritzgusses: Runde Teile wie Rohre und Kessel bei dem Faller-Tanklager.

Zwei Herstellungsarten

Das in der chemischen Industrie hergestellte Polystyrol kommt als Granulat in den Handel, um als extrudierbarer Kunststoff durch Spritzgießen in meist zweiteiligen Stahlformen zu Plastikteilen oder Behältern verarbeitet zu werden.

Expandierbares (schäumbares) Polystyrol (EPS) erhält während der Polymerisation zu kleinen, festen Kügelchen Gaseinschlüsse. Werden die Kügelchen in einer Form unter Wasserdampf etwas über 100 C erwärmt, expandiert das Gas und der thermoplastische Kunststoff bläht sich auf. Die Ränder der Blasen verschmelzen dabei, während im Inneren des Produktes eine schaumähnliche Feinstruktur entsteht. Es bildet sich ein geformter Festkörper, hergestellt in einem Werkzeug, das weniger Anpressdruck als beim Spritzguss erforderlich benötigt.

Autorenprofil

Markus Tiedtke, 1960 in Köln geboren, wurde schon in frühester Kindheit mit dem Modellbahnvirus infiziert. Seine Freude an Modellbau und Fotografie hat ab 1986 zu Beiträgen in verschiedenen Modellbahnzeitschriften und zahlreichen Büchern geführt. Bekannt ist er als der von Beginn an prägende Kopf der Zeitschrift „Modellbahn*Schule*" und setzt seit nun mehr als 35 Jahren auch Maßstäbe in der Modellfotografie. Sein Erfahrungsschatz als Werkzeugmacher und Industrial-Designer ist im Modellbau aufgrund der europaweit zahlreichen Begegnungen mit vielen Modell- und Anlagenbauern enorm umfangreich.

Oberflächengüte

Die natürliche Farbgebung von Polystyrol ist glasklar und es besitzt einen hohen Oberflächenglanz. Ohne Probleme ist die Rohmasse in jede gewünschte Farbrichtung sowohl durchsichtig als auch deckend färbbar.

H0-Schaustück: Team Eichholz

Blechwandbrücken mit gusseisernen Stützen lassen sich in Kunststoff in überzeugender Gestaltung nachbilden, eine typische Stärke von Spritzguss-Modellen. Dieses H0-Modell und die passenden Arkaden bietet Faller an.

H0-Schaustück: Ladegut Bauer

In diesem Hafen bestehen alle Modelle aus Kunststoff. Während die Gebäude, die Brücken und das Zubehör aus Polystyrol bestehen, sind die Bahnfahrzeuge aus dem etwas hochwertigeren ABS-Kunststoff gefertigt.

Leider geht der typische Glanz, wenn gewünscht, nicht vollständig, auch wenn man die Oberflächen der Formen, in denen matt aussehende Produkte hergestellt werden sollen, leicht aufraut. Möchte man im Gegensatz dazu glänzende Oberflächen wie bei Automodellen oder Fenstern, werden je nach erforderlichem Glanzgrad die Oberflächen in der Form poliert oder sogar zusätzlich verchromt.

Wärmebeständigkeit

Polystyrol erkennt man an einer leuchtend gelb und stark rußenden Flamme. Das dabei freiwerdende Styrol hat einen blumig-süßlichen Geruch. Polystyrol ist wenig wärmebeständig, ab 55 C setzt eine Beschleunigung der Alterung ein, weshalb es nur bis 70 C einsetzbar ist. Die Schmelztemperatur beginnt ab 240 C.

Diese Eigenschaften werden in der industriellen Massenfertigung beim Spritzgießen von Serienmodellen in einer Stahlform genutzt. Wir Modellbauer können diese Eigenschaften auch nutzen und durch Erwärmen des Polystyrols ein Bauteil biegen und bei höheren Temperaturen als 100 C Plattenmaterial sogar über beispielsweise einen strukturierten Holzkern tiefziehen. Ladegüter mit Planendarstellungen werden auf diese Weise für offene Güterwagen angeboten. Bei käuflichen Gebäudebausätzen sind Tiefziehteile jedoch nicht üblich, aber im Selbstbau sicherlich eine Lösung zur Herstellung mehrerer gleicher Bauteile oder von z. B. einer dünnen, durchsichtigen Kuppel.

Anbieter von Polystyrol-Spritzguss-Bausätzen (Auswahl)

- **Auhagen** www.auhagen.de
- **Faller** www.faller.de
- **Kibri** www.viessmann-modell.com/Kibri
- **Piko** www.piko.de
- **Pola** www.faller.de
- **Vollmer** www.viessmann-modell.com/vollmer
- **Walthers Cornerstone** www.walthers.com

Für einen Bausatz werden mehrere Spritzgussformen benötigt. Diese sind das eigentliche Kapital der Hersteller.

Im Stahl ist eine Negativform mit Strom erodiert worden.

Festigkeit von PS

Seine mechanischen Eigenschaften sind gegenüber anderen Kunststoffen nicht sehr hoch. Es ist zwar wie gewünscht steif, aber eher hart und spröde, und kleine Kerben können schnell zum Bruch führen. Dies kann im Modellbau wiederum genutzt werden: Statt mühseligen Sägens reicht oft ein scharfer Schnitt, um ein Bauteil an dieser Stelle durchzubrechen. Diese ungünstigen Eigenschaften können durch Beimengen feinster Glasfasern deutlich verbessert werden, was aber bei der Herstellung von Bauwerken für die Modellbahn nicht genutzt wird.

Dreidimensionale Formen

Der Eingang vom Zoo Hagenbeck hat so stark geformte Fassadenelemente, dass eine Spritzgussform zu teuer wird. Faller gießt daher die H0-Bausatzteile in Resin.

Stark modellierte Stuckelemente können im Spritzgussverfahren problemlos hergestellt werden, ein Vorteil gegenüber Lasercut.

H0-Schaustücke (2): Faller

Die Schauseiten historischer Gebäude leben von ihren detailreich gestalteten Fassaden. In Kunststoff gespritzte Miniaturmodelle geben diese dreidimensionalen Elemente wie z. B. Kugeln wunderbar wieder.

Versprödung

Polystyrol ist gegen wässrige Laugen und Mineralsäuren gut beständig, gegenüber Lösungsmitteln wie Benzin nur bedingt und Lösungsmittel wie Nitro, Azeton, Essigsäureethylester oder Toluol lösen es an bzw. zerfressen es. Diese eigentlich negativen Eigenschaften werden jedoch bei Klebstoffen genutzt, die speziell für Polystyrol angeboten werden, um zwei Bauteile zu verschmelzen.

Polystyrol ist beständig gegen Wassereinwirkung, verrottet jedoch, wenn es der UV-Strahlung ausgesetzt ist. Unter dieser Lichteinwirkung versprödet es zuerst relativ schnell und neigt dann zu haarfeinen Spannungsrissen. Bereits nach ein paar Jahren können dann zierliche Polystyrolteile und -flächen ohne viel Kraftaufwand brechen. Im Laufe vieler Jahre pulverisiert sich schließlich das Material und wird so biologisch abgebaut, was aber mehrere Menschengenerationen braucht und in dieser Zeit kann es in die Nahrungskette des Menschen durch die Nahrungsaufnahme von Tieren gelangen.

»In Plastik ist alles machbar«

Allerdings sind, wie 2015 entdeckt, Mehlwürmer in der Lage, Polystyrol zu verzehren. Sie zersetzen es in CO^2 und verrottbaren Kot, ohne dass die Tiere Schaden nehmen.

Unter Lichtausschluss kann Polystyrol biologisch jedoch nicht abgebaut werden. Was bei Mülldeponien zu Problemen führen kann, sollten wir Modellbauer für uns nutzen. Durch einen farbig deckenden Lacküberzug kann das UV-Licht das Polystyrol unseres Modells nicht erreichen, was zu einer längeren Lebensdauer der Bauteile führt. Der Lack verhindert auch das langsame Ausdiffundieren vom im Kunststoff enthaltenen Weichmacher und bremst zudem diese zweite natürliche Versprödung des Kunststoffes.

Polystyrol in der Praxis

Der Kunststoff ist im Modellbau sehr einfach zu verarbeiten. Beim Fräsen, Drehen oder Bohren kühlt man das Material am besten mit Wasser oder Druckluft, ansonsten verklebt das heiße Werkzeug durch geschmolzenes Polystyrol. Verklebungen untereinander gelingen mit Klebstoffen auf der Basis von Toluol, Dichlormethan oder Butylazetat. Zahlreiche Polystyrolklebstoffe werden in pastöser oder in flüssiger Form speziell für den heimischen Modellbau angeboten.

Verklebungen mit anderen Werkstoffen wie Holz oder Metall erfolgen durch Haft- oder Zwei-Komponenten-Kleber. Möchte man mehrere dünne Platten aufeinander kleben, so ist zu beachten, dass bei unterschiedlichen

Werkzeuge und Materialien speziell für Polystyrol-Modelle

- Schleifpapier und Feilen zum Entgraten und Planschleifen
- Skalpell oder scharfes Bastelmesser, Seitenschneider
- Klemmen und Gummibänder zum Fixieren
- Nitrospachtel
- Polystyrolkleber

Einfacher Zusammenbau

Typisch für Kunststoffbausätze: Alle Bauteile werden in unterschiedlich farbigen Spritzlingen dem Kunden angeboten.

Alle Bauteile müssen aus den Spitzlingen herausgetrennt und dann einzeln mit einem PS-Kleber auf die Fassade aufgeklebt werden.

Dünn gespritzte Kunststoffteile sind lichtdurchlässig, Das muss bei einer möglichen Beleuchtung berücksichtigt werden.

Bei gut konstruierten Bausätzen finden die Teile, hier sogar komplex gespritzt, problemlos und annähernd spaltfrei ihren Platz.

Beim Bahnhof Trossingen zeigt Faller, welche Detailtreue und Proportionen heute bei Kunststoff-Gebäuden zu erwarten sind. Das H0-Modell besteht aus 490 Teilen in elf Farben.

Fotos: Oliver Strüber/Trinom (5)

Stecktechnik bei Kibri

H0-Segment: Markus Tiedtke

Kibri führte ab den 1980er-Jahren bei neuentwickelten Bausätzen die Stecktechnik ein. Auch reduzierte sich die Bauteileanzahl durch das Herstellen komplexer Bauteilegruppen. Der heimische Bastler gelangt so ohne übermäßigen Aufwand zu interessanten Modellen.

Materialdicken es zu Spannungen im Material kommt und die Bauteile sich zu wölben beginnen, ähnlich wie Karton. Daher sollte man stets drei Schichten übereinander kleben oder eine sehr dicke, stabile Basisplatte haben, auf die dann lediglich eine dünne Oberfläche mit z. B. Holzstruktur aufgebracht wird.

Perfektes Kitbashing

Bausätze entsprechen nicht immer den eigenen Vorstellungen. Durch die Kombination mit anderen Bauteilen aus weiteren Polystyrol-Bausätzen können nicht nur Abwandlungen, sondern auch ganz neue Bauwerke entstehen. Das Ritzen, Sägen, Schneiden und Biegen der Bausatzteile ist für jedermann möglich und das unkomplizierte Verkleben durch spezielle Polystyrolkleber sorgt für stabile Verbindungen. Zahlreiche Strukturplatten, Profile und Geländer, im Archtikturmodellbauhandel erhältlich, sowie die bei den Bausatzherstellern angebotenen Plastikplatten mit den selben Oberflächenstrukturen wie bei ihren Bausätzen runden die Vielfalt an zusätzlichen Bastelmaterialien für kreative Um- oder Eigenbauten ab.

Polystyrol fräsen

Im professionellen Modellbau nutzt man gerne Polystyrol. Mit Erscheinen der CNC-Fräsung begann man in den 1990er-Jahren, Bauteile für Architekturmodelle aus dünnen Polystyrolplatten zu fräsen, die zuvor am Computer konstruiert worden sind. Auf diese Weise erhält man ausgeschnittene und auf einer Oberflächenseite eventuell durch zu-

»Plastikbausätze sind keine Wegwerfware und damit nachhaltig«

Polystyrol kleben

Das Material Polystyrol ist der billigste Kunststoff und wird in Massen industriell verarbeitet. Seine Eigenschaften erlauben im Modellbau ein universelles Verarbeiten und Kleben. Statt normaler Haftkleber bieten sich lösungsmittelhaltige Klebstoffe an, die den Kunststoff angreifen. So kann man zwei Bauteile miteinander verschweißen, was eine stabile Verbindung ergibt.

Je nach Größe und Zierlichkeit der Bauteile kann man flüssige oder pastöse Klebstoffe verwenden. Die Auswahl ist recht groß und jeder Anbieter von Kunststoffbausätzen hat für seine Modelle eigene passende Kleber im Programm, die, miteinander verglichen, in der Qualität aber durchaus variieren. Pastöse Klebstoffe eignen sich zum Überbrücken von Spalten und bleiben etwas länger offen als die Flüssigkleber.

Letztgenannte werden mit einem Pinsel aufgetragen und eignen sich besonders für flächiges Verkleben. Dünnflüssige Kleber kann man auch in kleine Spalten laufen lassen, um zuvor zusammengesteckte Bauteile ohne Klebespuren sauber miteinander zu verbinden.

Im Laufe vieler Jahre werden jedoch Polystyrol-Klebeverbindungen porös, so wie das Polystyrol selbst auch. Je agressiver jedoch der Kleber ursprünglich war, desto länger bleibt die Verbindung stabil. Das setzt aber auch voraus, dass die zu klebenden Flächen frei von Farben und Verschmutzungen sind, denn nur dann kann der Kleber in das Polystyrol eindringen und es anlösen.

Polystyrol-Kleber mit einer dünnen Metallkanüle lassen sich punktgenau einsetzen.

Flüssige Kleber bieten sich vor allem für das Verkleben von größeren Flächen an.

Kitbashing

Aus den zahlreichen Fassadenteilen der Glashütte von Piko lassen sich komplett neue Fabrikgebäude entwickeln.

Reichen bestehende Bausatzteile nicht zum Verwirklichen größerer Gebäude aus, können weitere aus Polystyrolplatten entstehen.

Mit verschiedenen Profilen, Treppen und Geländern kann man Gebäudeumbauten durch diese Polystyrolteile bereichern.

sätzliches Fräsen strukturierte Bauteile, die, wie heute bei Lasercutbausätzen mit Karton üblich, zu einem Gebäude mutieren.

■ *Polystyrol bemalen*

Viele Modellbauer legen Wert darauf, Plastikbausätze, wie sie aus der Schachtel kommen, mit Farbe zu behandeln, um individuelle Nuancen zu verwirklichen und den leichten Kunststoffglanz zu überdecken. Vor allem der Wunsch nach einer leicht verwitterten Fassade ist die eigentliche Triebfeder. Die Wahl der Farben bestimmt jedoch die Arbeitsweise. Keinesfalls sollten Nitrolacke pur aufgetragen werden. Das Lösungsmittel greift das Polystyrol an und es entsteht eine runzlige Oberfläche. Daher ist vorab eine Grundierung mit einem Acrylhaftgrund erforderlich.

Doch dann kann man gleich auf Acryllacke zurückgreifen. Sie haften problemlos auf der Oberfläche und matte Farben trocknen sehr schnell. Wasserlösliche Farben werden vom Kunststoff dagegen abgestoßen. Eine Vorabgrundierung ist ratsam, um ein sauberes und dünn aufgetragenes Farbfinish zu erhalten.

Pulverfarben haften nur auf rauhen Oberflächen, weshalb das Pulver erst nach einer Lackierung mit einer matten Acrylfarbe sinnvoll eingesetzt werden kann.

■ *Fazit*

Gebäudebausätze aus Kunststoff sind auch heute noch echte Klassiker. Wenn auch die Anzahl von Neuentwicklungen erheblich nachgelassen hat und man das ganze Themenspektrum weitgehend den Lasercut-Bausätzen überlassen hat, begeistern Plastikbausätze weiterhin durch die einfache Bearbeitung des Polystyrols. Die Möglichkeit der Wiedergabe von sehr strukturierten und rundlichen Oberflächen sowie von Profilen jeglicher Art ist ein echter Pluspunkt für Kunststoffbausätze im Vergleich zu gelaserten Bauteilen (siehe nächster Artikel).

Wer Polystyrol-Bausätze als Basis seiner eigenen Gebäudevorstellung nutzt, hat durch das zusätzliche umfangreiche Angebot an Profilen, Strukturplatten und Rohmaterial, allesamt in Polystyrol gefertigt, ein nahezu unbegrenztes Betätigungsfeld, um seiner Kreativität freien Lauf zu lassen. *Markus Tiedtke*

Fräsen statt lasern

Mit Hilfe der CNC-Frästechnik kann man aus Polystyrolplatten Bauteile herstellen. Zuvor müssen aber am Computer die Bauteile in einem CAD-Programm konstruiert werden.

CNC-gefräste Bauteile erleichtern den Architekturbau erheblich. Aber auch für individuelle Modelle für die Modelleisenbahnanlage ist diese Anfertigungstechnik nutzbar.

Foto: Oliver Strüber/Trinom

Luetke nutzt die CNC-Frästechnik für interessante Gebäudebausätze und Zubehör aus Polystyrol für alle Nenngrößen (www.luetke-modellbahn.de).

Fotos, soweit nicht anders genannt: Markus Tiedtke (26)

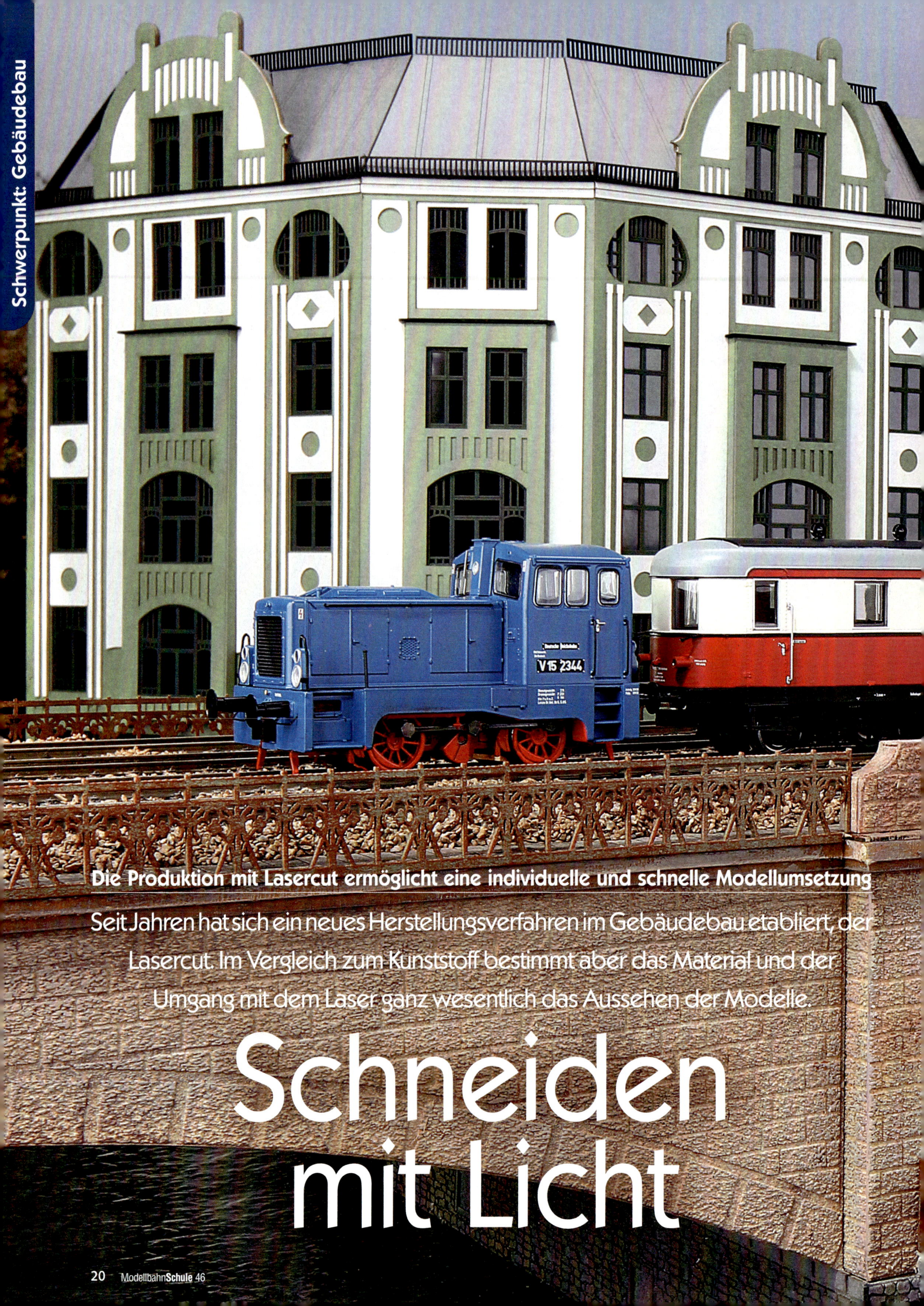

Die Produktion mit Lasercut ermöglicht eine individuelle und schnelle Modellumsetzung

Seit Jahren hat sich ein neues Herstellungsverfahren im Gebäudebau etabliert, der Lasercut. Im Vergleich zum Kunststoff bestimmt aber das Material und der Umgang mit dem Laser ganz wesentlich das Aussehen der Modelle.

Schneiden mit Licht

Im Anlagenzubehör wie Gebäuden, Brücken oder Mauern hat sich die Produktion von Modellen mit einem Laserschnitt fest etabliert. Die Optik der matten Oberflächen unterscheidet sich deutlich vom Kunststoff.

H0-Schaustück: Kai Brenneis

Die Technologie rund um den Lasercut ermöglicht es auf recht einfache Weise, eine Vielfalt an Modellen innerhalb kurzer Zeit herzustellen. Entsprechend groß ist mittlerweile das Angebot von Produkten, die zahlreiche Hersteller, bekannte und weniger bekannte, offerieren. Und deren Anzahl steigt stetig weiter, zumal einige Laser-Geräte mittlerweile auch im kostengünstigen Bereich angesiedelt sind.

Über die Qualität eines angebotenen Lasercut-Modells entscheidet nicht nur das verwendete Material, sondern auch eine stabile Konstruktion mit pfiffigen Detaillösungen. Der hier häufig genutzte Karton hat den faden Beigeschmack, weniger stabil zu sein als Kunststoffe wie Polystyrol. Das ist allerdings ein Vorurteil, denn hochwertige Kartons haben eine hohe Stabilität und eine Witterungsbeständigkeit von fast 100 Jahren. Das Vorurteil bezieht sich auch auf die Ästhetik der Modelle, denn einige Anbieter setzen auf Kartonsorten, die in ihren von den Lieferanten vorgegebenen Farben etwas eigenartig wirken können. Schnell entstehen monoton wirkende Oberflächen, vor allem, wenn die Oberflächen wie Putz oder Ziegelsteine keine leichte Gravur erhalten haben. Solche Bausätze wirken schnell wie billige Ausschneidebögen für Kinderhände.

Da beweisen einige Hersteller ein besseres Händchen in der Farbwahl und in der Bereitschaft zur Gravur, was aber die Modelle durch die längere Laserlaufzeit auch verteuert. Busch und Noch lackieren ihre Fassadenteile fabrikseits, Gleiches gilt auch für HMB und neuerdings auch für Vollmer. Die beiden Letztgenannten färben auch einige Bauteile, je nach gewünschter farbiger Wirkung des später fertigen Produktes.

»Die Materialien bestimmen das Aussehen der Fassaden«

Schmauchspuren

Die meisten Bausätze können nicht verbergen, dass sie mit einem Laser geschnitten wurden, denn die Schnittkanten sind etwas bräunlich und leichte Schmauchspuren bedecken die Oberfläche an der Schnittkante. Das fällt vor allem bei weißen Flächen wie Fensterrahmen besonders deutlich auf. Der Grund liegt zum einen an dem verwendeten Lasergerät. Nur Profigeräte haben einen besonders feinen Lichtstrahl, bei dem weniger Hitze entsteht und die Schmauchspuren kaum sichtbar sind. Aber auch die Schnittgeschwindigkeit und Energiezufuhr beim Laser beeinflusst das Schnittbild. Jedes Material verlangt eine andere Kombination für ein optimales Ergebnis, und das wissen erfahrene Produzenten gleich mit einzubeziehen. Eine Ausnahme bilden lediglich die dunkelgrauen und schwarzen Kartons, sie haben als Farbgebereinen erhöhten Anteil an Ruß, der stets für leichte Schmauchspuren sorgt.

Stabilität gegen Verzug

Auffällig: Die neueste Generation von Lasercut-Modellen langjähriger Anbieter nutzt für die tragenden Wände oft deutlich dickeren Karton oder die Bauten setzen sich aus stabilen Kernwänden aus fester Graupappe oder MDF (verleimter Holzstaub) zusammen, quasi ein Innengehäuse als Träger für feine, außen aufzuklebende Wandflächen mit schönen Wandstrukturen. Dicker Graukarton, Hartpappe und MDF-Platten, die rund 2 mm stark sein sollten, haben sich vor allem bei größeren Gebäuden bewährt.

Als führend in diesem Bereich können seit Jahren die Bausätze von Busch gelten. Andere Hersteller haben inzwischen den selben Weg beschritten. HMB hat eine Zeitlang auf Pertinax für den Innenkern zurückgegriffen, was absolut verzugsfrei ist und in der Stabilität und Wetterbeständigkeit jedem Karton weit überlegen ist. Heute ist das teure Material durch MDF-Platten abgelöst worden.

Einige Hersteller wie Joswood und Moebo statten dagegen viele ihrer Gebäude mit einem mehrteiligen Innengerippe aus Karton aus, um ihre dünnen Außenwände verzugsfrei zu halten. Als Nebeneffekt erhält man geschlossene Gebäudekerne, durch die man beim Blick in die Fenster nicht auf die gegenüberliegende Fassadenfläche schauen kann.

Die Materialwahl

Die Produkte der zahlreichen Anbieter sind sehr unterschiedlich und die Wahl der Materialien auch. Von einfacher Finnpappe bis hin zum hochwertigen Grafikkarton reicht die Wahl. Dünnes Sperr- und Furnierholz und MDF-Platten wie auch spezielle Kunststoffe, die mit dem Laser geschnitten werden können, erweitern die Palette.

Recht jung im Modellbau ist das Material Polyplate, was HMB und neuerdings auch Vollmer als Material für ihre gelaserten Bausätze benutzen. Dieses ist ein Polyurethan-Fiber-Komposit (zellulosehaltiges Material), also kein Karton. Es ist formstabil und hat eine kratzfeste Oberfläche, also ideal u. a. für Mauerwerk, denn das Material spleißt nicht, was aber jede Kartonsorte macht.

Typisch für Lasercut-Bausätze sind ihre eher flach gehaltenen Fassaden. Plastische Stuckarbeiten und Ornamente sowie runde Elemente sind oft nur angedeutet, da mit dem Laser aufwendig herstellbar. Auch haben die Gebäude keine Regenrinnen und Regenfallrohre. Daher legen einige Anbieter

Eine Domäne von Lasercut-Modellen, hier von Joswood, sind Stadthäuser, mit denen man ganze Straßenzüge zusammenstellen kann.

Stangel konzentriert sich auf alte deutsche Stadthäuser aus den ehemaligen deutschen Ostgebieten in verschiedenen Maßstäben.

MKB hat eine Marktlücke bei großstädtischen Wohnhäusern in H0 und kleiner für sich entdeckt. Schwerpunkt ist die Gründerzeit.

Polystyrolspritzlinge, Messingteile oder 3-D-Drucke den Bausätzen bei, um sie zu vervollständigen. Das erhöht aber den Verkaufspreis. Meister der Kombination von Bauteilen unterschiedlichster Materialien ist Busch. Die Firma spricht deshalb auch nicht bei ihren Produkten von Lasercut-Bausätzen.

Die Oberflächenoptik

Materialwahl und Struktur bei den Außenwänden prägen das Bild der Gebäudemodelle entscheidend. Hier gehen die Hersteller unterschiedliche Wege. Firmen wie Joswood, Lavont und Moebo gravieren die Holzmaserungen in farbigen Karton mit verblüffenden Farbwirkungen. Dagegen setzen Busch, Faller und Holzhammer auf Echtholz, das je nach Vorbildwahl gefärbt oder gebeizt wird. Nachteil des Echtholzes ist, dass beispielsweise beim Fachwerk die Holzmaserung komplett nur in eine Richtung zeigt, obwohl bei der Balkenkonstruktion (z. B. Fachwerk) die

Vielfalt von Lasercut-Bausätzen

H0-Schaustück: Thomas Oswald

MBZ hat eine große Auswahl an Gebäuden wie hier den kompletten Kleinbauernhof. Als Material wird ausschließlich Finnpappe genutzt.

H0-Schaustück: Busch

Busch geht im Bereich der Lasercut-Bausätze einen Sonderweg. Die Bausätze sind eine Mischung aus verschiedenen Materialien.

Joswood hat sich als Lasercut-Hersteller etabliert und wagt in H0 auch große Projekte wie hier die Bahnhofshalle des Leipziger Hauptbahnhofes.

Runde Kesselbehälter gibt es auch als gelaserte Kartonbausätze, benötigen aber eine Innenkonstruktion.

H0-Schaustück: Joswood

Auf Betreiben von Günther Huppertz erschienen vor 2010 bei Joswood zahlreiche Montanindustriebausätzr, hier eine Kokerei.

Unter KHK Modellbahn erschien dieser beeindruckende Hafenkran in 1:87.

HMB sorgte bei diesem amerikanischen Bahnhof von Walthers für die aus Karton gelaserten Wände. Die Dächer und Fenster sind Polystyrol-Spritzgussteile.

KHK Modellbahn ließ bei Laser-Sachen seine zahlreichen Karton-Modelle in verschiedenen Baugrößen herstellen, hier der mächtige Wasserturm vom Rangierbahnhof Nürnberg in H0.

Anbieter von Lasercut-Gebäuden (Auswahl)

■ ASM-Manufaktur	www.asm-manufaktur.de
■ A.B.E Atelier Belle Epoque	www.abe28.fr
■ Atelier Tratnik	www.tratnik.at
■ Bünnig Modellbau	www.buennig-modellbau.de
■ Bubimodel	www.bubi-model.com
■ Busch	www.busch-model.com
■ Die Modellbahnwerkstatt	www.die-modellbahnwerkstatt.de
■ DM-Toys	www.dm-toys.de
■ EFMH Modellbau	www.efmh.de
■ Faller	www.faller.de
■ Hofmann Lasercut	www.hofmann-lasercut.de
■ HMB	www.facebook.com/hmb hobbytrade
■ IMS-Modell	www.ims-modell.de
■ Joswood	www.joswood.de
■ JoWi	www.modellbahn-hintergrund.de
■ KM-1 Modellbau	www.km-1.de
■ LaserCraft	www.lasercraft.at
■ LaserFirstCut	www.laserfirstcut.de
■ Lasergang	www.lasergang.de
■ Lemke Collection	www.lemkecollection.de
■ Lüneburg Modell	www.lueneburg-modellbau.de
■ MBZ	www.mbz-modellbahnzubehoer.de
■ Mehbu-Lasertechnik	www.mehbu-lasertechnik.de
■ MKB-Modelle	www.mkb-modelle.de
■ Modellbahnen-Exklusiv	www.modellbahn-exklusiv.de
■ Modellbau Laffont	www. modellbau-laffont.de
■ Model-Scene	www.model-scene.com
■ Mozart	www.moba-art.de
■ Modellbahn Union	www.modellbahnunion.com
■ Modellservice Center Süd	www.mobasi.at
■ Moebo exclusive	www.moebo-exclusive.de
■ Noch	www.noch.de
■ Nordmodell	www.modellbausatz-nord.de
■ Pirata Models	www.piratamodels.it
■ Pleiner Modelle	www.modellbahn-exklusiv.de
■ Stadt im Modell	www.stadtimmodell.de
■ Stangel	www.stangel.pl
■ te-miniatur	www.te-miniatur-shop.de
■ Unique Scenery	www. scenery.shop
■ Vampisol	www.vampisol.de
■ VK-Modelle	www.vk-modelle.de
■ Vollmer	www.viessmann-modell.com/vollmer

»Das Schneidbild des Lasers trägt zum Erscheinungsbild erheblich bei«

Maserung eigentlich stets in Längsrichtung der Balken verlaufen müsste. Hersteller, die Holzstrukturen auf Karton oder Polyplate aufgravieren, können dagegen wechselnde Holzmaserungen problemlos nachbilden.

Putzstrukturen, wie bei Polystyrol-Modellen üblich, werden bei vielen Herstellern weggelassen, um sich Gravurzeiten einzusparen. Damit sehen aber die Flächen langweilig aus, denn der Kartoneffekt ist nicht zu leugnen. Busch und Noch lackieren stattdessen ihre Putzflächen, ebenso HMB und Vollmer. Die beiden Letztgenannten spendieren ihrer Polyplate-Oberfläche zudem noch eine ganz fein gelaserte Putzstruktur, so dass die Modelle nach der Lackierung mit matten Farben nahezu perfekt wirken und keiner farblichen Nacharbeit bedürfen, es sei denn, man möchte die Gebäude altern. Dafür bilden dann diese Modelle die ideale Ausgangslage.

Besonders krass sind die optischen Unterschiede beim Ziegelmauerwerk. Bei kostengünstigen Bausätzen werden nur die Mauerfugen eingebrannt, mit dem Ergebnis, dass diese Modelle mit den kartonglatten, rötlichen Oberflächen primitiv wirken. Hersteller wie HMB, Joswood, MBZ, Moebo, Noch, Stangel und Vollmer spendieren ihren Ziegelmauerwerken eine unregelmäßig gelaserte Ziegeloberfläche (siehe auch Artikel „Stein auf Stein" ab Seite 36).

Lediglich über die Farbdarstellung der Ziegelfassaden kann man unterschiedlicher

Funktionsmodelle in Karton und MDF

Kaum zu glauben, aber bei der zweizylindrigen Dampfmaschine in H0 von Mehbu sind die Kolben und das Rad frei beweglich.

Auch das Kartonmodell einer Ölförderpumpe könnte motorisch betrieben werden, so die H0-Konstruktion von MBZ

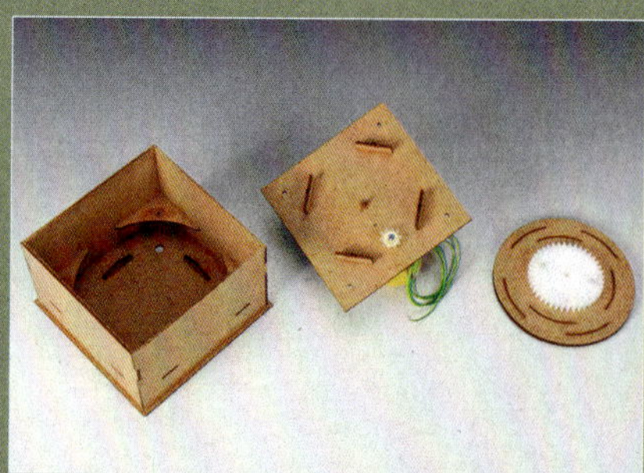

Busch konstruiert zusätzlich zu Zahnrädern und Motor alle notwendigen Teile für den Antriebskasten seiner Maulwürfe aus MDF.

Vielfalt der Oberflächen und Farben

Epoke nutzt wie fast alle Anbieter für seine Modelle Architekturkarton. Er zeichnet sich durch Farbenvielfalt aus. Die Modelle, hier dänische H0-Gebäude, sind bei Epoche einfach gehalten.

Joswood nutzt melierten Architekturkarton für seine lebendigen Ziegel-Fassaden.

H0-Schaustück: Markus Tiedtke

Noch stellt seine Modellfassaden oft aus Finnpappe her und lackiert sie dann.

Vollmer steigt auch in die Lasercut-Fertigung ein und nutzt für seine Fassaden Polyplate.

Dank der Farbenvielfalt beim Karton bietet Joswood schwedische Holzhäuser an.

H0-Schaustück: Busch

Der gelaserte Karton wird bei Busch für Beton- und Putzflächen hellgrau lackiert .

Der französische Anbieter R&C bedruckt seinen Karton und lasert die Konturen aus.

Die Bauteile von Laser-Sachen muss man nach dem Zusammenbau selbst lackieren.

Schwäche des Lasercut: Fehlende Plastizität

Diese Jugendstilfassade lebt eigentlich von ihren außergewöhnlichen Stuckarbeiten, die der Laser aber nicht glaubwürdig gravieren kann.

Die Giebelabschlüsse können in Karton gelasert nicht überzeugen.

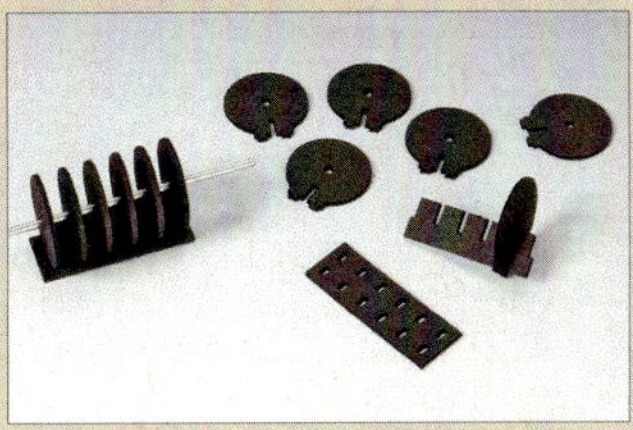

Für runde Kessel sind aufwendige Innenkonstruktionen nötig.

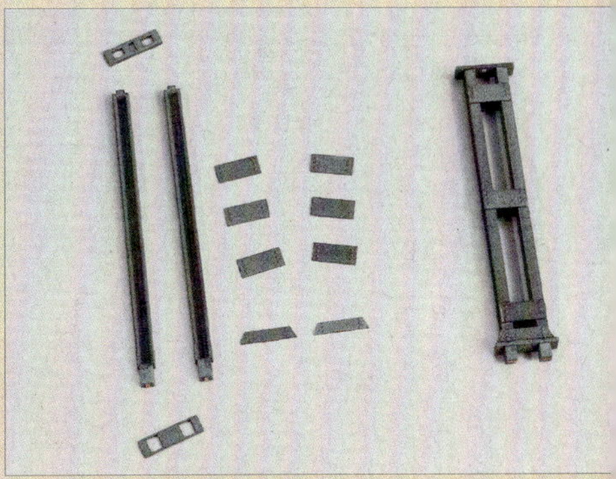

U- oder H-Profile kann man in MDF nur zeitintensiv lasern.

Meinung sein. Da die meisten Anbieter hochwertigen Architekturkarton für ihre Bausätze benutzen, sind diese auf das Angebot der Papierindustrie angewiesen. Ein vor zwei Jahren bei Römer-Karton stattgefundener Farbwechsel steht den neusten Ziegelbauten von Joswood nicht mehr so gut zu Gesicht. Da haben es HMB, Noch und Vollmer besser: Sie färben oder lackieren ihre Materialien selbst und sind somit unabhängig von den lieferbaren Kartonfarben, und bei MBZ und Stangel muss der Kunde sowieso alle Bauteile aus Finnpappe selbst bemalen.

Beim Lackieren sollte man möglichst auf lösungsmittelhaltige Farben oder Pulver zurückgreifen, denn Wasser löst die im Karton gebundenen Kleber eventuell wieder an und die Bauteile können sich dann deutlich verziehen.

Holzhammer stellt für seine kleinen N-Modelle Natursteinmauern aus Gips her, die in einer Silikonform gegossen werden, während die meisten Lasercut-Produzenten auf gravierten Karton setzen, was aber eine Natursteinmauer bei einer Gravurtiefe von maximal 1 mm ab der Nenngröße H0 aufwärts recht flach wirken lässt. Busch bietet aus dünnen, geschäumten und flexiblen Platten passend geschnittene Bauteile in Naturstein- oder Ziegeloptik an.

Kanten mit Gehrung

In einem weiteren Punkt ist HMB fortschrittlicher als alle anderen Lasercut-Hersteller. Die äußere Fassadenhaut hat in der Nenngröße H0 aufwärts an den Hausecken eine Gehrung, so dass die Ecken wie bei Polystyrol-Bauteilen ohne sichtbare Kante aneinanderstoßen. Die meisten anderen Hersteller lassen dagegen die Außenfassadenelemente stumpf aneinanderstoßen, was zu einem un-

Problem Hausecken

Typisch für Lasercut: Stumpf aufeinanderstoßende Wandkanten an der Ecke stören.

Viele Gebäudehersteller setzen immer noch auf die herkömmliche Eckenlösung.

Manche verzahnen die Ziegel an der Ecke. Oft ist der Fugenspalt jedoch etwas größer.

HMB hat als erster Hersteller bei Lasercut-Modellen die rückseitige Gehrung eingeführt, vergleichbar mit Plastik-Bausätzen, um eine überlappungsfreie Ecke zu erreichen. Auch das runde Regenwasser-Fallrohr ist gelasert, ein Novum.

Lösung: Kombi-Bausätze

Das kleine H0-Stauwehr besteht bei Noch überwiegend aus gelaserten Bauteilen.

Faller benutzt beim Wehr neben Echtholz einige Plastikteile eines Kranes und weitere Teile.

Noch hat Regenrinnen und Fallrohre aus Kunststoff. Die nutzt auch Joswood.

natürlichen Aussehen führt. Anspruchsvolle Häuslebauer sind gezwungen, diese Stoßkanten optisch durch Verspachteln zu kaschieren, was bei Ziegeln reichlich Arbeit durch die erforderliche Nachgravur nach sich zieht.

MBZ und wenige andere Anbieter verzahnen das Mauerwerk an den Hausecken, was aber bei der Montage Vorsicht verlangt, damit die Oberfläche nicht abplatzt.

Verkleben

Alle Hersteller von Lasercut-Bausätzen empfehlen für die Verklebung ihrer Modelle Weißleim. Wer nur gewöhnlichen Alleskleber wie bei Papierbausätzen verwendet, erhält eine eher zweifelhafte Festigkeit. Holz- oder Acrylkleber auf Wasserbasis dringen tiefer in Karton und Pappe ein und sollten bei großen Bauteilen grundsätzlich flächig aufgetragen werden, die dann auf den Innenkern mit Gewichten plan aufgesetzt werden, so dass der Klebstoff ohne Verzugsmöglichkeiten in das Material des Innenkerns eindringen kann. Bei diesem Prozess wird der Karton für den Kern zusätzlich durch den Kleber versteift, wie man es mit Leimzusätzen auch beim Herstellen hochfester Kartonagen in den Papierfabriken macht.

Sparsames Auftragen des wasserhaltigen Leims ist empfehlenswert. Abtupfen der Kle-

Das Schneidbild und die Oberflächenqualität

Der Laserstrahl hat die Aufgabe, Material wegzubrennen. Neben dem Durchschneiden kann er auch zum Gravieren von Materialien genutzt werden, um unterschiedlichste Oberflächenstrukturen zu erzeugen. Neben der Materialwahl trägt aber auch das Laserbild ganz entscheidend zum Erscheinungsbild der Bauteile bei. Das fängt schon mit einer sauberen, geraden Schneidlinie und keiner Wellenlinie an. Die Gravur sollte ein gleichmäßiges Bild erzielen, oft aber ist es picklig oder zeigt ein Streifenmuster. Die Gründe für solch schlechte Laserbilder sind vielfältig: Das beginnt schon mit der Kombination Maschine und Bedienungssoftware. Anfänger können die Möglichkeiten noch nicht voll ausspielen oder die Software möchte mit der Maschine nicht eindeutig kommunizieren. Die zweite Fehlerquelle ist die Bedienung des Lasers. Die richtige Taktung, die Hertzzahl und die Arbeitsgeschwindigkeit sollten je nach gewünschtem Produkt optimal eingestellt sein, um Gravurmuster weitgehend zu eliminieren. Aber auch die Technik am Gerät selbst bestimmt ebenfalls das Ergebnis. Billige Lasergeräte nutzen eine Glasröhre zur Erzeugung des Lichtstrahls, hochwertige Geräte haben RFI-Röhren, die erheblich feiner arbeiten können. Und je kleiner die Linse, desto näher kann man mit dem Laserkopf an das zu schneidende Material heranfahren und ein sauberes Schneidbild erzeugen. Last but not least spielt natürlich auch die Wartung eine ganz wesentliche Rolle. Die Linse muss sauber sein und die Optik mit Linse und Spiegel sollte perfekt montiert sein. Wer Billigprodukte produziert, kann alle genannten Kriterien aus wirtschaftlichen Gründen nicht voll erfüllen, entsprechend deutlich scheidet sich die Spreu vom Weizen bei der Produktqualität. Der Käufer entscheidet, mit welcher Qualität er sich zufriedengibt.

Am Gravurbild der Tür kann man die ungenügende Einstellung des Lasers erkennen.

Alle mit einem Laser geschnittenen Bauteile haben leicht bräunliche Schmauchspuren.

Mit dem Laser gravierte Fächen sind rau, abhängig von der Schneidgeschwindigkeit.

Modelle verzugsfrei versteifen

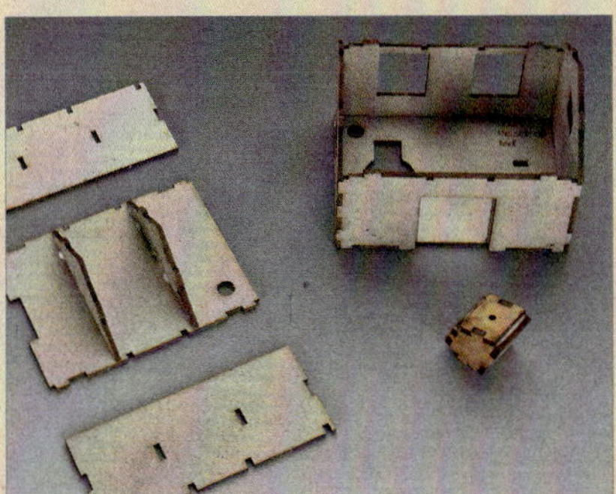

Tragende Teile, der sogenannte Innenkern, bestehen oft aus der günstigen Finnpappe.

Erheblich stabiler sind Innenkerne aus MDF. Busch hat als erster darauf zurückgegriffen.

Viele Gebäudekonstruktionen unterteilen und stabilisieren mit Kartonzwischenwänden.

Erhöhte Kartonfestigkeit durch Sekundenkleber

Feine Geländer oder andere Verstrebungen können mangels der Materialfestigkeit aller Kartonsorten doch recht schnell abknicken. Sollte das bei einem Anlagenmodell versehentlich geschehen sein, repariert man es mit Sekundenkleber, nachdem das Teil gerichtet ist und die Kartonschichten wieder anliegen. Jedoch erreicht die Knickstelle nicht mehr die gleiche Glätte, die der Karton ursprünglich hatte, da die Kartonschichten durch den Knick aufgequollen sind.

Mit flüssigem Sekundenkleber lässt sich jeder saugende Karton extrem versteifen.

Die leicht gequollene Kartonoberfläche sollte jedoch wieder geglättet werden.

Vor allem der dünnflüssige Sekundenkleber versteift durch das Eindringen in den Karton die Teile extrem gut und erreicht dadurch eine Festigkeit, die mit Messing vergleichbar ist. Gut wäre es, wenn man noch vor dem Zusammenbau die empfindlichen Teile mit Sekundenkleber tränkt, damit sie mit Beginn des Bastelns schon die gewünschte Stabilität besitzen.

Leider werden die geklebten Kartonflächen etwas dunkler. Ein komplettes Überlackieren der geklebten Baugruppe mit einer Farbe ist dann erforderlich. Zudem quellen einige Kartonsorten geringfügig durch den Kleber auf und erhalten so eine raue Oberfläche, die dann mit feinem Schleifpapier wieder geglättet werden sollte, bevor das Lackieren ansteht. Ein weiterer Nachteil beim Sekundenkleber ist sein agressiver Geruch während des Abbindens, was die Nasen- und Halsschleimhäute angreift sowie in den Augen beißt. Ein Mund-Nasenschutz ist erforderlich oder alternativ eine Abführung der Dämpfe mittels eines Ventilators oder einer Absauganlage.

Trotz der genannten Nachteile ist das Versteifen von Karton zu empfehlen.

befläche auf einer glatten Unterlage kann hilfreich sein, damit der Klebstoffwulst sich flächig verteilt, was das unerwünschte Hervorquellen an den Kleberändern vermeidet.

Oft trocknet der Weißleim schneller auf als gewünscht, vor allem an warmen, trockenen Tagen. Damit er länger verarbeitbar bleibt, legt man die Klebetuben zuvor in einen Kühlschrank. Gut gekühlt bleibt Kleber länger geschmeidig. Und wer im Garten oder auf dem Balkon arbeiten möchte, legt den kühlen Kleber nach jedem Klebevorgang in eine Plastiktüte zurück, in der zusätzlich ein Kühlelement von einer Kühltasche liegt. Bei Pertinax kommt nur ein Acryl- oder Sekundenkleber in Frage.

■ *Fenster sauber kleben*

Für die Verklebung der Fensterscheiben auf die feinen Fenstersprossen empfiehlt sich Sprühkleber, der rückseitig auf die Fensterrahmen dünn gesprüht wird. Ebenso sinnvoll ist er auch bei großflächigen Verklebungen wie Dachpappe oder Dachpfannen.

Eine tolle Sache für jeden Modellbauer sind die selbstklebenden Fensterrahmen von HMB und Vollmer. Das versehentliche Verschmieren von Klebstoff oder sein Hervorquellen gehören der Vergangenheit an und man sorgt stets für saubere Fensterscheiben.

■ *Passgenauigkeit*

Das muss man den Lasercut-Modellen lassen, ihre Passgenauigkeit ist enorm, vorausgesetzt, die Konstruktion ist nicht schlampig ausgeführt worden. Hier macht sich der Vorteil der Konstruktion am Computer mit modernen CAD-Programmen bemerkbar, da die drehbaren 3-D-Ansichten der zusammengesetzten Bauteile sofort eventuelle Unstimmigkeiten sichtbar machen, die dann noch vor

Finnpappe saugt den verfestigenden Mattlack auf Nitrobasis wie ein Schwamm auf.

Karton-Oberflächen grifffest machen

Jeder Karton besteht aus mehreren Schichten. Beim Gravieren von Oberflächen wie Bretter- und Mauerwerkfugen wird der Karton durch den Laser quasi geritzt. Die obersten Kartonschichten sind dadurch beschädigt und es besteht je nach der Qualität des Kartons und der Schneidtiefe die Gefahr, dass sich kleine Oberflächenelemente ablösen. Dieser Effekt tritt vor allem bei feinem Ziegelmauerwerk oder Fensterrahmen auf. Finnpappe, wie sie von Anno 1899, MBZ und Stangel bevorzugt benutzt wird, ist besonders empfindlich. Doch durch Tränken des Materials mit Sekundenkleber wird dieses Problem behoben. Aber bei größeren Flächen bietet sich stattdessen ein matter Klarlack an. Vor allem Finnpappe saugt sich wie ein Schwamm voll und erhält nach dem Aushärten des Lacks eine enorm grifffeste Oberfläche. Gewählt werden sollte aber kein wasser-, sondern ein lösungsmittelhaltiger Lack, zum Beispiel Nitrolack, denn der lässt den Karton nicht aufquellen und löst auch nicht die Klebstoffe im Karton an. Das Tränken des Kartons mit Mattlack kann sowohl vor dem Zusammensetzen der Bauteile vorgenommen werden als auch nach dem Zusammenbau. Der Lack verfärbt nicht bereits bemalte und gealterte Flächen.

Vorteil beim nachträglichen Tränken ist, dass der Weißleim während der Bastelarbeiten in den noch unbehandelten Karton eindringen kann. Dabei muss man aber aufpassen, dass sich vorzeitig keine Oberflächenelemente ablösen. Daher sollte man nach Möglichkeit zuerst den Karton, vor allem aber Finnpappe, vorab so lange, wie der Lack noch nicht angetrocknet ist, mehrmals tränken und aussteifen. Das geht nicht, wenn die Fassadenteile mit Mauerwerk an den Gebäudekanten verzahnt sind. Denn dann lassen sich die Kartonteile anschließend nicht mehr ineinanderstecken.

Mangelnde Beschriftung und erschwertes Heraustrennen von Bauteilen

So wie Kunststoffteile an einem Spritzling hängen, werden auch die gelaserten Bauteile in einem Rahmen befestigt, um ihre Zuordnung zu ermöglichen. Mit einem scharfen Messer braucht man nur diese Anbindung zu entfernen, um das Teil aus dem Rahmen entnehmen zu können. Doch das geht nicht immer so einfach. Je nach Materialdicke, -art und Zierlichkeit des Teils kann man es schnell beschädigen. Das liegt in erster Linie am zu geringen Spielraum zwischen Bauteil und dem ihn umgebenden Rahmen. Viele Lasercut-Produkte begnügen sich mit dem Laserspalt, wie er beim Schneiden entstanden ist. Dann neigen aber dicke Teile beim Herausnehmen dazu, zu verklemmen. Nur durch Zerstören des Halterahmens kann man sich langsam an das Bauteil heranarbeiten, um es schließlich zerstörungsfrei in der Hand zu halten.

Auch sind die Anbindungen bei fast allen Bausätzen nicht sofort sichtbar und der Spalt für stabile Messerklingen meistens zu schmal. Hier wird der Bastler mit einem Problem konfrontiert, das eigentlich nicht zu sein bräuchte, denn zwischen Bauteil und Halterahmen könnte man einen zweiten, herausnehmbaren Rahmen produzieren, der genügend Abstand zwischen Bauteil und Halterahmen bietet. Eine zusätzliche Schneidfuge zur sauberen Führung des Messers an der Trennkante sorgt für einen sauberen Schnitt. Eine anständige Beschriftung der Bauteile im Rahmen und eine eventuelle Markierung der Haltenasen sind ebenfalls wünschenswert. Manche Hersteller bieten diesen Service.

Ein stabiles Messer kann nicht in den dünnen Spalt zwischen Bauteil und Rahmen eindringen.

Die deutlich sichtbare Aufhängung und eine angedeutete Fuge für die Messerführung sorgen bei HMB und Vollmer für vergnügliches Basteln.

dem Herstellen des ersten Prototyps behoben werden können. Als Modellbauer sollte man aber trotzdem vor dem Verkleben der Bauteile stets eine Passprobe machen.

Zum Steuern des Lasers genügen allerdings nur Linien, die in jedem Grafikprogramm erstellt werden können. Für die Gravur von Oberflächen nutzt man Schwarzweiß-Kontraste. Je dunkler der Grauwert, desto tiefer dringt der Laserstrahl in das Material ein und brennt es weg.

Fazit

Lasercut-Gebäude haben ihre ganz eigene Ästhetik, die sich mit Kunststoff-Bausätzen nur bedingt verträgt Das liegt am verwendeten Material. Matte Farben, Gravuren und Echtholz tragen zu einer realistisch aussehenden Fassade bei. Mit Farbe braucht man die Modelle nicht unbedingt aufzupeppen, denn mehrfarbige Bausätze können oft so, wie sie aus der Schachtel kommen, belassen werden.

Allerdings bleibt die Plastizität vor allem bei besonders profilierten Fassadenelementen auf der Strecke, weshalb manche Fensterbögen als Stuckdarstellung nur flach wirken. Auch L- und U-Profile sind oft nur angedeutet. Darum weisen Stahlfachwerkkonstruktionen kaum Profilierungen auf. Hier haben Polystyrol-Bausätze deutlich die Nase vorne.

Unlackiert als Kartonmodell können zudem Maschinen und Stahlkonstruktionen ihr Material Pappe nicht verleugnen. Ein weiterer Nachteil ist die geringere Stabilität von Karton, weshalb einige Hersteller auf andere Materialien ausgewichen sind und volumige Gebäude im Kern zusätzlich stabilisieren.

Doch die Vorteile der schnellen Umsetzung des Vorbilds ins Modell, die Auflagemöglichkeit von nur kleinen Stückzahlen und die unbegrenzte Größe eines Modells überwiegen enorm. Zudem gibt es bereits so viele Kleinserienhersteller und damit eine riesige Auswahl an Modellen, dass fast immer das Wunschmodell zu finden ist. Ist die Bauanleitung klar verständlich, lassen sich die Bauteile problemlos entnehmen sowie zuordnen und braucht man wegen der natürlichen Farbgebung keinen Farbpinsel mehr in die Hand zu nehmen, werden Lasercut-Bausätze zu einem Freizeitvergnügen.

Markus Tiedtke

Fenster kleben ohne Verschmieren

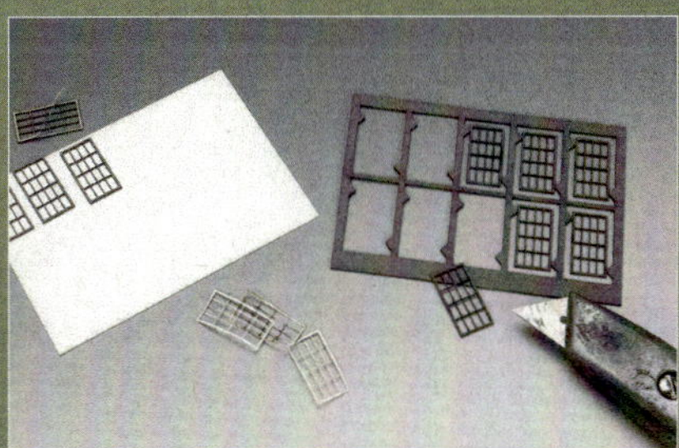

HMB, seit neustem auch Vollmer und zukünftig auch Kibri bieten selbstklebende Fensterrahmen als große Bastelhilfe an.

Die klebende Rückseite der Rahmen drückt man auf die so genannte Fensterscheibe und schneidet sie dann bündig aus.

Alle Fotos: Markus Tiedtke (47)

Werkzeuge und Materialien speziell für Lasercut-Modelle

- Schleifpapier und Schleifmittel zum Entgraten und Planschleifen
- Skalpell oder scharfes Bastelmesser
- Klemmen und Gummibänder zum Fixieren
- Nitrospachtel
- Sekundenkleber, Weißleim, Lösungsmittel-Haftkleber, z. B. Pattex für Flächen
- matter Nitro-Klarlack, z. B. von Weinert, alternativ Maler-Tiefengrund, beides zum Verfestigen von Karton
- Lacke und Lasuren möglichst auf Lösungsmittelbasis

Modellgebäude aus Resin

Es wurden schon in kleinen Serien plastikfreie Gebäude produziert, als es den Laser noch nicht gab. Die erste Wahl an geeignetem Material war damals das Epoxidharz Resin. Das ist bis heute so geblieben, denn es werden damit immer noch interessante Modelle zu akzeptablen Preisen angeboten.

Aus der Gummiform

Aus Resin lassen sich sehr detailreiche Gebäudemodelle herstellen, die je nach Anbieter mehr feine, dreidimensionale Details an den Fassaden aufbieten können, als es mit dem Laser herzustellen je möglich wäre. Doch was ist Resin? Dieses ist ein dünnflüssiges Epoxidharz, welches aus zwei Komponenten besteht: Einmal ist es das eigentliche Harz und dazu kommt der passende Härter. Wenn diese beiden Komponenten vermischt werden, entsteht eine chemische Reaktion, wodurch die Masse nach einer Weile aushärtet.

Die belgischen Arbeiterhäuser von Artitec könnten auch im Westen Deutschlands stehen. Die Resin-Modelle sind zierlich gestaltet und wirken sehr plastisch. Einzig die im Urmodellbau geritzten Mauerfugen können nicht überzeugen.

Die Besonderheiten vieler Gießharzsorten sind ihre dünnflüssige Konsistenz, wodurch sie in jede noch so kleine Lücke und jeden Hohlraum gelangen und ihn ausfüllen. Je dünnflüssiger die Konsistenz ist, desto länger braucht die Aushärtungszeit. So wird aber auch weniger Wärme produziert und das schont die Silikonform, in der die Teile hergestellt werden. So kann man Gießschichten von bis zu 10 Zentimetern erzielen, also ideal zur Reproduktion von Gebäudemodellen. Luftblasen, die beim Mischen entstehen, können durch die lange offene Zeit deutlich länger entweichen.

Da Resin eigentlich glasklar ist, werden die Gebäudemodelle von verschiedenen Anbietern meist cremeweiß oder mittelgrau eingefärbt, um die Details der Produkte später beim Kunden überhaupt sichtbar zu machen. Diese Farbe bildet auch gleichzeitig eine ideale Basis für die spätere Lackierung mit hellen Farben. Einzig Real-Modell färbt seine Bauteile stark deckend in folgenden Farben ein: Dächer schwarz und Ziegelmauern in Ziegelbraun. Obwohl das Gießharz beliebig eingefärbt werden kann, nutzen alle Anbieter die umfangreichen Einfärbemöglichkeiten nicht, da zu aufwendig.

■ *Herstellung von Modellen*

Gießharzmodelle werden in weichen Silikonformen hergestellt, aus denen man nach dem Aushärten die fertigen Teile aus der biegsamen Form herausschält. Zur Produktion sind lediglich einteilige Formen nötig, deren Negativabdrücke hochgradig detailliert sein können. Die Silikonform wird mit Epoxidharz vollflächig ausgegossen und die Gießmasse vor dem Trocknen oberflächlich über die Formränder plan abgezogen. Für die Herstellung der Silikonform wird wiederum eine Mutterform benötigt, in der Regel ein Urmodell, dessen Einzelteile in oft diffiziler Handarbeit entstanden sind. Von dieser Mutterform können mehrere Silikonformen hergestellt werden, denn im Laufe der Produktion wird die Silikonformoberfläche stumpf

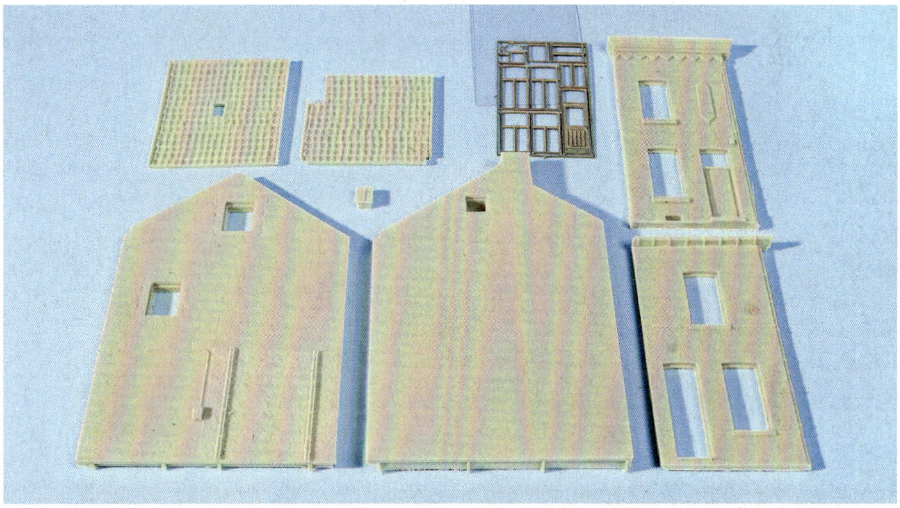
Typisch für Gebäude aus Resin: Alle Wände und Dachteile bestehen aus dem gleichen Gießharz und besitzen bereits viele Kleinteile, so dass die Anzahl der Bauteile gering ist.

Das einfarbige Resin muss erst einmal zum Leben erweckt werden. Das geht nur durch eine umfangreiche Bemalung und Alterung der Fassaden und Dachteile möglichst vor der Montage.

und das fertige Teil lässt sich immer schwerer entformen. Diese Produktionsart hat den Vorteil, ohne große Vorbereitungen neue Bausätze auch in kleiner Stückzahl herstellen zu können. Der Produzent ist also ähnlich flexibel wie der Anbieter von Lasercut-Modellen. Man kann schneller auf die Veränderungen im Markt reagieren und die Lagerbestände können klein gehalten werden. Dafür benötigt man aber eine recht lange Produktionszeit, bis das Resin in der Form fest ist.

Unkosten entstehen lediglich beim einmaligen Urmodellbau, einer eher künstlerischen Arbeit, darüber hinaus für das teure, aber hochwertige Silikon und natürlich für das Resin beim Serienprodukt. Produktionsmaschinen werden nicht benötigt. Nur so können die meisten Resin-Modelle preislich mit Polystyrol-Bausätzen mithalten und durch ihre ausgeprägten 3-D-Strukturen lassen sie sich zudem besser mit Polystyrol-Modellen kombinieren als mit Lasercut-Gebäuden.

Konstruktionsmerkmale

Im Gegensatz zu den oft aus sehr vielen Einzelteilen bestehenden Polystyrol-Bausätzen haben in Resin ausgeführte Hausfassaden nahezu alle Gestaltungselemente wie Kabel, Regenfallrohre in einem einzigen Teil. Manchmal sind sogar die Fenster und Türen in die Fassaden integriert, was aber häufig zu dicken Türblättern und Fensterrahmen führt.

»Erst mit einer gelungenen Bemalung kommen Resin-Häuser voll zur Geltung«

Arbeiten mit Resin

Die Produktionsweise führt gelegentlich, und das insbesondere bei größeren Resinteilen, zu leichten Verbiegungen. Diese zu beseitigen, ist kein Problem, denn nach einem Bad in heißem Wasser oder Behandlung mit einem Heißluftföhn lassen sich verformte Teile auf glattem Untergrund wieder ausrichten und anschließend problemlos verbauen.

Produktionsbedingt weisen die Fassaden aber auch einseitig mehr oder weniger stark ausgeprägte Schwimmhäute auf, die aus der Herstellungsweise in den Gummiformen resultieren. Insbesondere an den Öffnungen für Fenster oder Türen bleibt nahezu immer eine dünne Haut stehen. Die muss der Bastler vorsichtig entfernen, indem er auf eine glatte Fläche einen Bogen Schleifpapier legt, auf dem er unter möglichst gleichmäßigem Andruck das Bauteil durch kreisende Bewegungen langsam schleifend bearbeitet.

In manchen Fällen weisen die gegossenen Bauteile an Wandecken mit abstehenden Elementen kleine Fehlstellen auf, da hier schon mal die Luftblasen bei einem Hinterschnitt in der Form nicht entweichen konnten und das Produkt in keinem Vakuumverfahren hergestellt worden ist. Dann ist zu spachteln.

Auch kann schon mal die 45-Grad-Gehrung an der Hauswandecke ungenau abgeformt worden sein, wenn die Silikonform beim Gießen nicht sauber auflag Dann müssen hier die erforderlichen 45-Grad-Winkel nachgeschliffen werden, um die Wandecken exakt im 90-Grad-Winkel zusammensetzen zu können. Grundsätzlich sind alle Resin-Fassadenteile insbesondere an den Hausecken auf Passgenauigkeit zu überprüfen.

Bemalung

Die Gießharzteile eines Resin-Modells liefern fast alle Hersteller in Cremeweiß gefärbt aus. Das bedeutet für den Bastler, dass er alle

Resinteile kleben

Die vier Wände eines Gebäudes werden mit Gummibändern stramm fixiert, so dass man sie an den Mauerfugen unverrutschbar ausrichten kann. Für das Verkleben von Resinteilen nimmt man in aller Regel Sekundenkleber, wobei für größere Verbindungen eher Gel geeignet ist. Bei großen Wandeckverbindungen empfiehlt es sich, nur mit Sekundenkleber die Teile von innen zu fixieren, um dann eine zusätzlich stabilisierende Verklebung auf der Innenseite des Gebäudes mit Zwei-Komponenten-Epoxidkleber (beispielsweise Uhuplus) in Form eines Kleberwulstes vorzunehmen. Bei einer leichten Erwärmung der Bauteile kriecht der Zwei-Komponenten-Kleber sogar in den inneren Fugenspalt hinein, so dass die Bauteile bombenfest haften.

Bei Artitec werden Fenster, Türen und zierliche Kleinteile als Messingätzteile mitgeliefert. Diese lassen sich am einfachsten mit Sekundenkleber ankleben.

Zum Verkleben und Stabilisieren verwendet man Sekunden- und Zwei-Komponenten-Kleber.

Zum Fixieren der Hauswände beim Kleben sind hier Gummibänder herangezogen worden.

Empfohlene Werkzeuge und Materialien für Resin-Modelle

- Schüssel mit heißem Wasser zum Ausrichten verzogener Bauteile
- alternativ ein Heißluftföhn
- unterschiedlich raues Schleifpapier und Schleifmittel zum Entgraten, Planschleifen und Entfernen von „Schwimmhäuten"
- Skalpell oder schmales Bastelmesser
- Klemmen und Gummibänder
- Nitrospachtel
- Sekundenkleber, Zwei-Komponenten-Epoxidkleber
- beiger oder mittelgrauer Grundierer aus Sprühdose
- große Farbauswahl an Lacken und Lasuren auf Wasser- und Lösungsmittelbasis
- Spritzpistole mit 0,5-mm-Düse, sehr feine Pinsel

Das Bemalen von Resin-Modellen

Typisch für Resin-Bausätze: Alle Bauteile müssen entgratet und soweit vorhanden von Schwimmhäuten befreit werden. Bei Müllers Bruchbuden bestehen Türen und Fenster ebenfalls aus Resin.

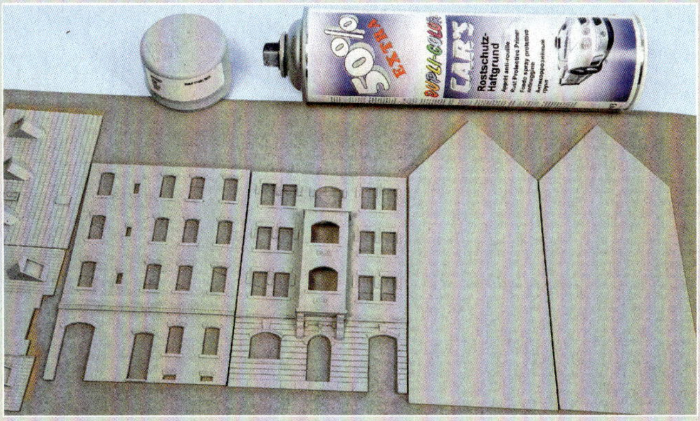

Grundsätzlich sollte man alle Resinteile entfetten und anschließend für eine hohe Haftung der aufzutragenden Farben sorgen, indem man alle Teile mit einer dünnen Schicht Grundierer lackiert.

Große Bauteile lassen sich am Besten einzeln lackieren. Vor allem kann man so die zahlreichen aufgesetzten Details besser bemalen statt den kompletten Gebäudekörper zittrig in der Hand zu halten.

Bei Artitec-Gebäuden bestehen Fenster, Türen und einige Kleinteile wie hier Freileitungsanschlüsse aus Messingätzteilen und wirken sehr zierlich.

Die Bemalung erfolgt mit matten Lackfarben auf Lösungsmittelbasis, die Ziegelfugen hebt man anschließend mit verdünnter Wasserfarbe hervor.

Nachdem das Dach und Kleinelemente koloriert sind, glänzt das belgische Artitec-Vorarbeiterhaus durch seine zahlreichen Details wie Stromleitungen.

Autorenprofil

Bruno Kaiser, 1947 in Köln geboren, wurde schon in seiner Kindheit durch die Märklin-Bahn seines Bruders mit dem Modellbahnvirus infiziert. Seine Freuden am Modellbau und an der Fotografie haben schon früh zu Beiträgen in verschiedenen Modellbahnzeitschriften und -broschüren geführt. Sein Credo für die vorbildgerechte Gestaltung entlang des städtischen Schienenstrangs hat ihm u. a. den liebevollen Spitznamen „Hinterhof-Kaiser“ eingebracht.

Foto: Markus Tiedtke

Loewe bietet fix und fertig gebaute und bemalte Gebäude für die Modellbahn. Die Lackierung gefällt, könnte aber stellenweise kantenschärfer sein.

Teile vorbildgerecht kolorieren muss. Dieses kann erst nach der Entfettung im mit Spülmittel benetzten Wasserbad oder nach Abreiben mit Azeton erfolgen. Sodann ist zur besseren Verankerung der Farben eine Grundierung vorab angeraten, die sich beispielsweise mit grauem oder hellbeigen Autolackhaftgrund aus der Sprühdose ausführen lässt. Dies gilt auch für eventuell beiliegende Messingteile.

Der eigentliche Farbauftrag wird mit herkömmlichen, matten Acrylfarben auf Lösungsmittelbasis, hier beispielsweise von Revell, ausgeführt. Es empfiehlt sich eine Spritzpistole für einen gleichmäßigen Farbgrundauftrag auf den Fassaden- und Dachflächen.

Weil hier nicht nur größere Flächen, sondern auch alle an den Gussfassaden und Dächern mit angegossenen Kleindetails bemalt werden müssen, stellt diese Arbeit den größeren Aufwand bei dieser Art des Modellbaus dar, denn die Qualität der Malerarbeiten entscheidet letztlich sehr stark über die Wirkung des fertigen Modells. Sehr feine Pinsel sind dafür unentbehrlich.

Das Ausfugen von Mauerwerk sowie die spätere Patinierung erfolgen mit Lasuren oder Wash-Farben auf Wasserbasis, wobei ein Netzmittelzusatz (Spülmittel, Agepon, Ochsengalle) nicht vergessen werden darf, damit die Wasserfarbe gleichmäßig verläuft. Durch die Verwendung unterschiedlicher Farbbasen verhindert der Bastler eine ungewollte Farbtonvermischung durch das Wiederanlösen bereits aufgetragener Farben und ist deshalb hier dringend angeraten.

Auch dünne Lackstifte sind für das farbliche Herausarbeiten zierlicher Leitungen und kleiner Schalter empfehlenswert.

Fertigmodelle

Alle diese Arbeiten kann man sich bei den Resin-Modellen vom Anbieter Loewe sparen. Er hat Fertigmodelle nach deutschen Vorbildern im Sortiment, die bereits bemalt angeboten werden. Die Ausführungen sind sehr ansprechend, allerdings mit der Qualität einer aufwendigen Bemalung aus eigener Hand nur bedingt vergleichbar. Auch anderes Anlagenzubehör ist in dem interessanten Programm von Loewe zu finden.

Fazit

Wenn auch der Arbeitsaufwand gegenüber Polystyrol-Bausätzen wegen der deutlich kleineren Bauteileanzahl zuerst einmal geringer erscheint, können die notwendigen Nacharbeiten sowie die komplette Bemalung durchaus zum gegenteiligen Ergebnis führen. Mit der erforderlichen Kolorierung ergibt sich für den Modellbauer allerdings die Möglichkeit, ganz individuell zu gestalten, ein Plus, das auf der Suche nach Eigenständigkeit nicht unterschätzt werden sollte. Bei perfekter Bemalung und Alterung sind dann diese Modelle nahezu kleine Kunstwerke.

Das setzt allerdings voraus, dass der Modellbauer Freude an Arbeiten mit Farben hat und hierfür zumindest wesentliche Grundkenntnisse und eine ruhige Hand besitzt.

Bruno Kaiser und Markus Tiedtke

Anbieter von Resin-Gebäuden (Auswahl)

- AlsaCast www.alsacast.nl
- Artitec www.artitec.nl
- Artmaster www.das-kantoor.de
- Loewe www.loewe-modellbahnzubehoer.de
- Müllers Bruchbuden www.muellers-bruchbuden.de
- Real-Modell www.real-modell.de
- diverse Anbieter im Militär- und Fantasy-Modellbau

Alle Fotos, soweit nicht anders genannt: Bruno Kaiser (12)

Im Sortiment von Müllers Bruchbuden befinden sich auch H0-Stadthäuser, die man architektonisch wunderbar auch mit den Polystyrol-Bausätzen von Faller und Auhagen, allerdings dann auch bemalt, kombinieren kann und die so für ein abwechslungsreiches Stadtbild sorgen.

Ziegelmauern näher unter die Lupe genommen

Das Angebot an Gebäudemodellen ist riesig. Die Unterschiede in der Qualität der Ausführung von Fassaden und Dächern sind es ebenfalls. Grund genug, die Spreu vom Weizen zu trennen. In Folge 1 stehen Ziegelmauern in H0 auf dem Prüfstand.

Fassaden im Vergleich
Teil 1: Fassaden mit Ziegeln
Teil 2: Bretter und Bohlen
Teil 3: Aufs Dach geschaut

Mit Erscheinen neuer Gebäudeanbieter werden auch jedesmal neue Gebäudefassaden entwickelt, die sich in der Ausführungsqualität von den bereits auf dem Markt befindlichen Modellen oft deutlich unterscheiden. Doch nicht jede Neuentwicklung bringt auch eine Qualitätsverbesserung. Diese hängt mehr von der Produktphilosophie des Herstellers und dessen technischem Können ab. Aber auch das verwendete Material trägt deutlich zum Gesamterscheinungsbild einer Hausfassade gleich welchen Maßstabes bei.

Exemplarisch an der Baugröße H0 zeigen wir in einem dreiteiligen Beitrag, auf welche Kriterien man schauen kann, um die unterschiedlichen Modellfassaden besser einschätzen zu können in Bezug auf Vorbildnähe, Darstellung der Oberflächenstrukturen und die Verarbeitungsgüte für den anstehenden Modellbau.

Ziegelmauern gedruckt

Jeder kennt die farbig bedruckten Papierausschneidebögen von Modellen, die man in der heimischen Stube zusammenbauen kann. Einige Hersteller haben sich darauf spezialisiert und nutzen sie meistens für Häuser im Anlagenhintergrund. Daher braucht man keine großen Ansprüche an die Plastizität der Modelle zu stellen, denn die Fassadenflächen sind ohnehin ohne 3-D-Strukturen, eben nur aufgedruckt. Interessanter für den eigenen Modellbau sind dagegen die farbig bedruckten und zusätzlich geprägten Mauerplatten. Leider bleibt bei den Kaufprodukten immer das Druckraster sichtbar, es sei denn, man druckt seine eigenen Ziegelmauern auf einem hochwertigen Farbdrucker aus.

Ziegelmauern aus Kunststoff

Polystyrol ist der am meisten verwendete Kunststoff im Hobbybereich. Alle Plastik-Bausätze mit Ziegelfassaden sind jedoch von dem Können der Formenbauer geprägt. Früher hat man andere Ansprüche an ein Mauerwerk gestellt als heute, so dass sich die Ziegelstrukturen je nach Bausatzgeneration erheblich un-

Stein auf Stein

Mit Ziegelsteinen werden nicht nur Wände hochgezogen, auch als Boden in beispielsweise einem Lokschuppen wurden sie verbaut. Laser-Sachen nutzt für sein H0-Modell dafür farbigen Architekturkarton.

terscheiden. Früher stellte man die Ziegel viel zu groß dar, obwohl die Maße vom Reichsformat, einem vereinheitlichten Industrieziegel für ganz Deutschland, jedem Modellkonstrukteur bekannt sein sollten. Erst neuere Ziegelmodelle nähern sich den tatsächlichen Maßen an.

Oft sind die Steinkanten nicht scharfkantig, sondern leicht verwaschen und die Mauerfugen viel zu breit, was das Aussehen deutlich beeinflusst. Auch vergessen alle Hersteller, dass man heute als Bastler die Mauerfugen farblich vom Mauerwerk abheben möchte. Dazu muss die Farbe oder Paste in der Fuge ausreichend tief Platz finden, um ihre Wirkung entfalten zu können. Keine der angebotenen Ziegelmauern aus Polystyrol erfüllt alle Kriterien gleichzeitig. Lobenswert ist jedoch, dass die bei den Häusermodellen verwendeten Ziegelmauern auch einzeln als Bastelplatten für eigene Umbauten erhältlich sind.

Reichsziegel im Maßstab 1:87

Die Steine beim Läuferverband sind in 1:87 dargestellt. Die Figur unterstützt den Größenvergleich.

Blockverband in 1:87: Die Wand ist zwei Steine breit. Wechselweise werden je eine Reihe längs und eine Reihe quer zur Erhöhung der Stabilität gesetzt.

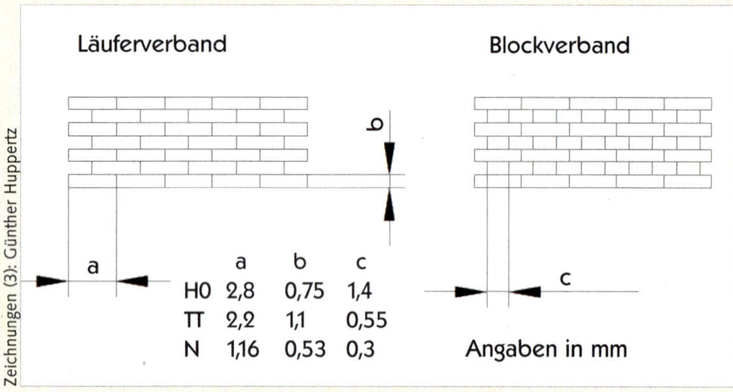

1872 wurde in Deutschland per Gesetz das so genannte „Reichsformat" für Ziegel mit folgenden Maßen eingeführt: 25 cm x 12 cm x 6,5 cm und diente zunächst als Norm für Staatsbauten im Norddeutschen Bund, wurde aber bald auch deutschlandweit gültig. Damit konnte ein Gebäude aus Mauerziegeln von verschiedenen Herstellern gebaut werden. Für staatliche Bauten war die Verwendung der Reichsziegel sogar verbindlich.

Zwischen 1850 und 1950 wurde der größte Teil der Ziegel im Reichsformat industriell hergestellt und verbaut. Die Reichsziegel werden heute zum Bauen von Gebäuden nicht mehr verwendet, sollten aber im Modell für bis in die Epoche III hinein errichtete Gebäude verbindlich sein.

H0-Ziegel auf geprägtem oder bedruckten Karton (Beispiele)

Jovi bietet Papier-Ausschneidebögen für kostengünstige Gebäude an. Darunter gibt es auch Fassaden mit verschiedenen Ziegeln.

Die für N auf Karton farbig bedruckten Ziegel von Vollmer (Art.-Nr.7361) sind selbst in H0 zu groß.

Der Läufer-Binder-Mauerverband von Howard Scenics (Art.-Nr. HSB41) ist auf Karton geprägt und größenmäßig für 00 (1:76) gedacht.

H0-Ziegel aus Polystyrol

Uralt ist die Ziegel-Mauerplatte von Auhagen (Art.-Nr. 52412). Die Ziegel sind zu groß und die Ecken rundlich. Heute nicht mehr zu empfehlen.

Die ursprünglich von Schmidt, jetzt von Auhagen angebotenen Stadthäuser haben ein maßstäbliches Mauerwerk, aber die Fugen sind zu flach.

Die Reichsziegel von Faller haben die richtige Länge, sind aber etwas zu niedrig. Auch sind die Fugen für das serienmäßige Fugenweiß nicht tief genug.

Lange Zeit galt das Ziegel-Mauerwerk von Kibri (Art.-Nr. 4147) aus den frühen 1990er-Jahren als das beste, obwohl zu groß und mit verwaschenen Kanten.

Das englische Mauerwerk von Wills (Art.-Nr. SSMP227) wird für die Nenngröße 0 hergestellt. Die Steinkanten sind zu rundlich, die Fugen zum Bemalen dagegen tief genug.

Passend zu der neuen Gebäudegeneration hat Auhagen vor Jahren ein maßstäbliches Ziegel-Mauerwerk entwickelt (Art.-Nr. 41205). Die Fugen sind aber zu breit.

Nahezu perfekt ist die Ziegelnachbildung von Brawa. Nur die Fugen könnten für das Bemalen etwas tiefer sein. Inzwischen wird sie nicht mehr angeboten.

Auch Kibri hat ein uraltes Ziegel-Mauerwerk noch aus den späten 1960er-Jahren (Art.-Nr. 4122). Die Konturen sehen aus wie rundgelutscht.

Das Ziegel-Mauerwerk von Vollmer ist ebenfalls uralt, aber konturenscharf und stellenweise mit rauer Oberfläche. Leider stimmt die Ziegelgröße nicht.

Im Architekturbedarf kann man eine sehr dünne Mauerwerksplatte (GB-Nr.0401) erhalten. Die Steine haben jedoch keine scharfe Kante.

Polystyrol neigt zum Verziehen

Plastikwände mit Stegen oder Mauervorsprüngen, die aus Polystyrol im Spritzguss hergestellt sind, neigen im Laufe der Zeit zum Verziehen bzw. zur Wölbung. Das sollte man als Modellbauer noch während der Bauphase einplanen. Durch Zwischendecken oder Wände kann man die Innenflächen der Außenfassade von Beginn an stabil halten. Mit nachträglich montierten Bauteilen wie einem Zwischenboden aus Polystyrol oder Karton kann man aber auch bereits eingetretene Verformungen wieder rückgängig machen.

Die Polystyrolwände der meisten Gebäude neigen im Laufe der Zeit zum Verziehen und wölben sich ins Gebäudeinnere.

Erst eine im Innenraum eingebaute Bodenplatte drückt die Außenwände wieder nach außen. Statt der Bodenplatte könnte man auch mehrere Innenwände zur Stabilisierung der Außenform setzen.

Artitec produziert Gebäudebausätze aus Resin. Die geritzten Fugen haben einen Wulst.

Bei AlsaCast werden in H0 die Fugen bei den Resin-Bausätzen ordentlich dargestellt.

H0-Ziegel in Karton ohne Gravur gelasert

Foto: Rainer Albrecht/VG-Bahn

Die einfachste Art der Ziegeldarstellung ist ein farbiger Karton, in den nur die Mauerfugen leicht eingebrannt werden.

Angefangen hat Joswood mit einem Ziegelmauerwerk aus Architekturkarton, bei dem die Fugen zu breit gelasert worden sind. Auch die Ziegel sind leicht überdimensioniert. Auf eine belebende Oberflächengravur wurde verzichtet.

Die melierte Oberfläche des durchgefärbten Architekturkartons reicht Moebo, um seine Ziegel farblich recht treffend darzustellen. Auf eine Flächengravur wird verzichtet. Moebo begnügt sich mit den Mauerfugen, die allerdings teilweise unsauber in die Steinkanten hineingelasert sind.

MKB hat jahrelang den gleichen Architekturkarton wie HMB, Josswood, Moebo und andere genutzt. Seine Reichsziegel sind falsch dimensioniert. Inzwischen gibt es diese Kartonfarbe nicht mehr.

Gelaserte Ziegelmauern in Karton

Unterschiedliche Kartonsorten haben sich im Gebäudemodellbau etabliert und machen dem Polystyrol mächtig Konkurrenz. Die prägnantesten Vorteile dieser Materialien sind ihre schnelle und einfache Bearbeitung und die matten Farben, was den Hausfassaden beim Vorbild nahe kommt. Genauso wie beim Polystyrol kann man die Modelle bereits mehrfarbig herstellen. Im Gegensatz zu den Anbietern von Polystyrol-Bausätzen wimmelt es hier von zahlreichen Anbietern und Konstrukteuren – und entsprechend fallen die Ziegelmauern aus. Das beginnt schon mit der Wahl der Kartonsorten. Die meisten verwenden entweder die einfarbige, billige Finnpappe zum detailreichen Gravieren oder den teueren, farbigen Architekturkarton. In den Farben gleichen sich damit viele Ziegelsteine unterschiedlicher Hersteller. Beim näheren Betrachten erkennt man aber die unterschiedlichen Verarbeitungsqualitäten; entweder stimmen die Steingrößen nicht, die Fugen sind viel zu breit oder das Gravurbild ist grob

H0-Ziegel in Karton mit Gravur gelasert

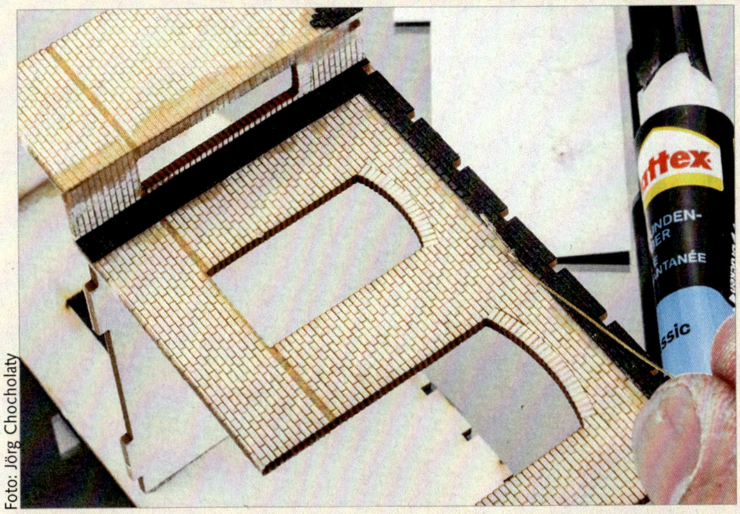

Foto: Jörg Chocholaty

Stangel und MBZ fertigen ihre Bausätze überwiegend aus Finnpappe. Das Material lässt sich wunderbar gravieren. Selbst die Mauerfugen in der Fensterlaibung werden von beiden Herstellern angedeutet. Der Kunde muss aber die Oberflächen selbst bemalen.

Wird helle Finnpappe, wie sie Stangel benutzt, mit Holzbeize auf Alkoholbasis durchgehend eingefärbt, hat man eine gute Grundlage für die spätere Alterung der Ziegelfassade. Bereits jetzt wird die leicht raue Ziegeloberfläche sichtbar.

Das Ziegelmauerwerk von Noch wird in Finnpappe graviert. Die Konturen der Ziegel wirken verwischt. Der Ziegel erhält bei Noch seine Farbe durch ein Lackierverfahren nach dem Lasern.

Früher war der Architekturkarton von HMB und Joswood in Burnt Orange komplett eingefärbt. Im Kern wirkte der Karton meliert, was trotz Abtragen der obersten Schicht den Ziegelton gut traf.

2021 hat Joswood die Kartonfarbe wechseln müssen, da das Burnt Orange nicht mehr geliefert wird. Jetzt harmonieren Oberflächenfarbe und der rot melierte Kern nicht mehr miteinander.

H0-Ziegel in Polyplate mit Gravur gelasert

Mit dem Bausatz einer kleinen Werkstatt steigt Vollmer in N in die Fertigungswelt des Lasercut ein. Fassade und Dach bestehen aus Polyplate.

Der Läuferverband im Reichsformat ist von HMB (Art.-Nr. 87141) exakt in 1:87. Die Mauerfugen sind scharfkantig und die Oberflächen leicht rau.

Durch das Einfärben des Materials Polyplate erzielt HMB natürlich aussehende Ziegeloberflächen wie hier beim Läufer-Binder-Verband (Art.-Nr. 87142).

Polyplate ist Karton weit überlegen

ausgefallen. Manche Kartonsorten sind nur auf der Oberfläche farbig, so dass bei der Darstellung der Mauerfugen der helle Unterkarton als Fuge sichtbar wird. Das erkauft man sich aber mit glatten, monoton aussehenden Ziegelsteinen. Zum Gravieren der Ziegeloberflächen zwecks mehr Lebendigkeit benötigt man durchgefärbten Karton, der aber etwas mehr kostet.

Alternativ lackieren oder färben einige Hersteller ihre Materialien selbst und sind so unabhängig von den Produktionsschwankungen beim gefärbten Karton. Auch weichen sie so der Gleichförmigkeit von Ziegelmauern anderer Anbieter aus.

■ *Gelaserte Ziegelmauern in Polyplate*

HMB benutzt statt Karton das viel stabilere Polyplate für seine Fassadendarstellungen. Je nach Produkt werden auch hier die Bauteile selbst gefärbt oder lackiert, was zu sehr natürlich aussehenden Ziegelsteinen führt. Vollmer profitiert von diesem Wissen und führt bei zukünftigen Neuentwickungen das gleiche Material zur Darstellung von Ziegelsteinen ein. Ein erster Anfang ist mit zwei kleinen Werkstätten für H0 und N gemacht worden.

■ *Fazit*

Durch die Vielfalt an unterschiedlichen Baumaterialien und Oberflächenstrukturen vertragen sich manche Nachbarschaften von Gebäuden nicht, wenn sie unterschiedliche Materialien und Darstellungen haben. Man ist also gezwungen, gekaufte Modelle mit Farben aus seiner eigenen Farbenwelt zumindest optisch zu harmonisieren, oder man verschreibt sich nur einer Sorte von Gebäudefassaden. *Markus Tiedtke*

Festigkeit der Oberflächen bei Lasercut-Materialien

Karton ist vor allem bei Ziegelmauern ein eigentlich schlechtes Material, denn beim Gravieren der Ziegelfugen wird die oberste Kartonschicht durch den Schnitt beschädigt. Je nach Kartonsorte können sich bei Berührung mit dem Finger die kleinen Ziegelimitate ablösen. Besonders empfindlich ist Finnpappe. Zwar kann man diesen billigen Karton hervorragend gravieren, was zu tollen Oberflächen führt (Meister darin sind die Hersteller Standel und MBZ), aber die Ziegelsteine auf den Oberflächen lösen sich schnell ab. Deshalb wird das Versiegeln des Kartons mit Tiefengrund vor Baubeginn empfohlen.

Wesentlich stabiler ist dagegen Architekturkarton. Auch er lässt sich ebenfalls hervorragend gravieren, aber auch dann ist seine oberste Schicht angreifbar.

Die Oberfläche von Polyplate bleibt dagegen auch nach der Gravur durch den Laserstrahl weiterhin stabil und ist damit jeder Kartonsorte weit überlegen, denn auch dieses Material erlaubt sehr fein gravierte Oberflächen. Allerdings ist dieses Material teurer als Karton. Durch seine Stabilität ermöglicht es auch feinste Gitter, und Mauerecken können von der Rückseite her mit einer Phase versehen werden, um die Ecken ohne sichtbare Materialdicke aneinanderstoßen zu lassen.

Polyplate lässt sich exakt schneiden und präzise schleifen. Seine feste Oberfläche kann nur mit grober Gewalt beschädigt werden.

Beim Schneiden von Finnpappe kommt es zu leichten Mauerausbrüchen. Mit dem Fingernagel beschädigt man die Oberfläche.

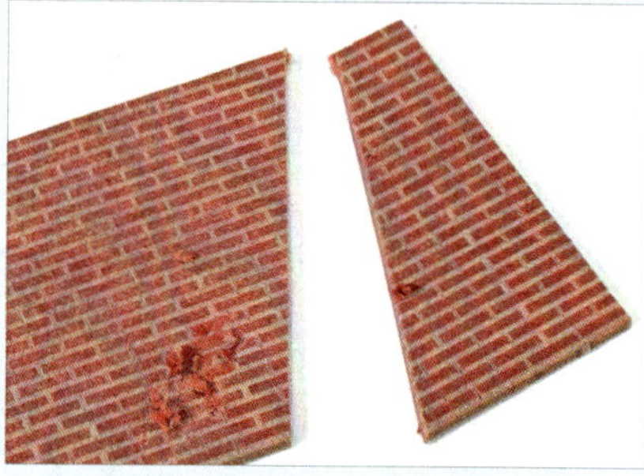
Beim Schnitt von Architekturkarton muss man aufpassen. Die oberste Kartonschicht ist bei Ziegeln recht leicht angreifbar.

Bei sehr zierlichen Bauteilen wie hier dem Gitterfenster löst sich schon mal die oberste Schicht des Architekturkartons.

H0-Ziegel in Schaum oder Quarz

Busch legt seinen Bausätzen ein Läufer-Mauerwerk bei, das geschäumt ist, mit dem Ergebnis, dass die Ziegel zu groß und die Kanten verwaschen sind.

Im Rahmen der Produktpalette „Steinkunst" produziert Vollmer aus eingefärbtem Quarzsand einen Ziegelstein-Läuferverband (Art.-Nr. 48222).

Einen „Schlesischen Verband" bietet Vollmer in seiner Steinkunst (Art.-Nr. 48223). Die Mauer lässt sich biegen und mit scharfem Messer schneiden.

Alle Fotos, wenn nicht anders genannt: Markus Tiedtke (37)

„Eene-meene-miste …“
Bei der alten Scheune lässt's sich gut spielen, wie die Dorfjugend sehr wohl weiß. Die Scheune ist schon ein bisschen heruntergekommen, aber immer noch ein imposanter Bau, im Modell hier als Relief dargestellt.

Fachwerkbauten als Halbrelief für Hintergrundmodelle

Der Selbstbau von Gebäuden verlangt ähnliche handwerkliche Fähigkeiten wie das Zusammensetzen von Bausätzen. Nur in der Planung, der Wahl der Baumaterialien und bei der Bemalung muss man mehr Aufwand betreiben.

Auf Holz gesetzt

Heutzutage wird mit dem Wort Fachwerk immer der Begriff Romantik verbunden. Da Holz als Baustoff für ein Fachwerkhaus leicht verfügbar und verhältnismäßig günstig war im Gegensatz zu Steinen und Ziegeln, waren Fachwerkhäuser weit verbreitet in Städten und Dörfern. Insofern ist es notwendig, sich mit der Technik des Baus von Fachwerkhäusern zu beschäftigen, wenn man die Eisenbahn im ländlichen Raum darstellen möchte.

Fachwerk ist natürlich nicht auf Deutschland beschränkt, und schon in Deutschland gibt es in den verschiedenen Regionen unterschiedliche Ausprägungen in Bauformen und Farbgebung. Hat man kein Vorbild vor Augen bzw. vor der Kamera, an das man sich halten will, lohnt es sich, die regionalen Freilichtmuseen aufzusuchen und deren gut bebilderte Kataloge als Grundlage heranzuziehen. Oft finden sich darin bemaßte Zeichnungen der Gebäude und viele Informationen und Fotos des Gebäudes, das man sich als Vorbild auserkoren hat.

Wie umsetzen?

In der Modellbahnszene versuchen viele, nach Möglichkeit dieselben Materialien zu verwenden, die auch beim Vorbild benutzt werden. Folglich wird Fachwerk bei vielen Selbstbauten mit Echtholz dargestellt. Holz hat aber eine Maserung im Maßstab 1:1. Wir bauen aber im Maßstab 1:160, 1:87, 1:45 u.s.w. Die Riefen und Risse, die Fachwerkhölzer aufweisen, sind dann kaum noch sichtbar.

Die Beiträge von Jörg Chocholaty und anderen bekannten Modellbauern in der Zeitschrift Modellbahn*Schule* zeigen allerdings einen besseren Weg zur Darstellung von Holz mit seinen Maserungen im Modell: Polystyrol, denn dieses lässt sich leicht schneiden, gravieren, ritzen und verkleben.

Vorarbeiten für das Modell

Das Gebäude, dessen Bau hier vorgestellt wird, steht im Fränkischen Freilandmuseum in Bad Windsheim. Im Museumskatalog gibt es eine Zeichnung der Front, die nachgebaut werden soll. Diese kann auf einem Kopierer hochskaliert werden. Oder man zeichnet sie mit Bleistift und Lineal oder mit einem CAD-Programm nach. Diese Zeichnung ist dann gleich auch die Grundlage für die Bauteile.

Die Kopie der Zeichnung wird mit Hilfe eines Sprühklebers auf die Rückseite einer 1-mm-Polystyrolplatte aufgeklebt, die einerseits eine stabile Fläche bietet, andererseits nicht zu dick ist, so dass noch mit der Hand geschnitten werden kann. Zuvor muss die Zeichnung oder Kopiervorlage allerdings gespiegelt werden. Beim Kopieren ist eine Overheadprojektor-Folie das Mittel der Wahl.

Was wir als Modellbauer beim Bauen nicht vergessen dürfen, ist die Bauphysik. Die 1 mm starke Wandplatte wird sich wölben, weshalb es gut ist, Wände und Decken in das Gebäude einzuziehen. Dies verhindert auch, dass vom einen Fenster rein- und zum gegenüberliegenden wieder hinausgeschaut werden kann, was in der Regel unnatürlich ist.

Gestaltung der Gefache

Betrachten wir die Bausätze von Fachwerkgebäuden der Modellbahnindustrie, bestehen diese in der Regel aus einer Wandplatte, auf die dann das Fachwerk geklebt

Schwierigkeitsgrad

- Schwierigkeitsgrad 3

Materialliste

- Polystyrol 1 mm und 0,5 mm stark
- Finnpappe 2 mm stark, Graupappe 1 mm stark
- Hartschaum 1 mm
- PS-Rohr von Evergreen (Art.-Nr. 223)
- Doppelmuldenfalzziegel von kreativ3.de (www.modellkreationen.de)
- Dachrinnen-Set von Addie (www.addie-modell.de)
- Farben von Citadel Miniatures/Warhammer:· Bakarth Flesh, Abbadon Black, Dryad Bark, Mouronfang Brown, Steel Legion Drab, Zandri Dust, Wraithbone, XV-88
- Straßenfarbe Beton von Heki (Art.-Nr. 6600)
- Verwitterungspuder von Polák, erdige Pigmente (Art.-Nr. 5760), Grün-Beige (Art.-Nr. 5762), Graubraun (Art.-Nr. 5767), Schwarzbraun (Art.-Nr. 5769), Grün (Art.-Nr. 5776), sonstige Pigmente (Art.-Nr. 5770)

Werkzeugliste

- Fotokopierer oder CAD-Programm, Bleistift, Papier
- scharfes Abbrechklingenmesser (9 mm)
- Reißnadel, Lineal, Feinmessschieber
- Schneidmatte
- Feile, Metallbürste, Schleifpapier
- Klemmpinzette
- Haftkleber, z. B. Uhu Flinke Flasche, Uhu hart
- lösungsmittelfreier Klebstoff, z. B. Weißleim
- Polystyrol-Kleber, z. B. von Revell
- Pinsel mit Größe 0 und 3, Borstenpinsel
- Pipette für Farben
- Farbmischpalette oder Alternative

Wissenswertes über Fachwerk

Gebäude aus Holz zählen zu den ältesten Bauten der Menschen. Eigentlich sind es Holzständerbauten, die man auch heute noch nutzt, beispielsweise im Fertighausbau. Die Kräfte werden über senkrechte Ständer, Streben und horizontale Rähme und Schwellen in den Boden abgeleitet. Die Streben geben auch Standfestigkeit gegen den Winddruck. Für eine überzeugende Gestaltung im Modell ist eine Beschäftigung mit dem Vorbild im Häuserbau unabdingbar. Die hier gezeigten Fotos von Originalgebäuden im Fränkischen Freilandmuseum Bad Windsheim sollen unsere Augen schärfen:

Bei diesem sehr alten Fachwerkgebäude ist die Verwitterung äußerst interessant. Vom Boden kriecht Feuchtigkeit nach oben, weshalb die Stützbalken und Tür bereits angefressen und der Putz verfärbt ist. Das alte, mittlerweile ungeschützte Holz schimmert sehr silbrig. Auch die Dachziegel zeigen deutliche Verwitterungsspuren.

Ausschnitt des selben Gebäudes wie links, bei dem das Fachwerk nur in den Obergeschossen des Giebels zu sehen ist. Das Holz ist gar nicht mal so silberfarben. Die Wandausfachung mit verflochtenem Kern hat ein sehr hohes Maß an Verwitterung, was durchaus nachahmenswert ist.

Hauswand eines sehr alten Fachwerkgebäudes: Die Lehmausfachung mit Holzstäben ist gut zu erkennen, an einigen Stellen sieht man noch die oberste Putzschicht. Erstaunlich ist die Tatsache, dass noch einige Musterreste auf den Putzresten zu sehen sind, die aufgemalt wurden.

Diese Scheunengiebelwand wurde mit der Freiheit bei der Wahl der Putzfarbe nachgebaut. Das Fachwerk ist beim Original sehr sauber gesägt und zeigt keine Krümmungen der Säulen, Streben und Riegel.

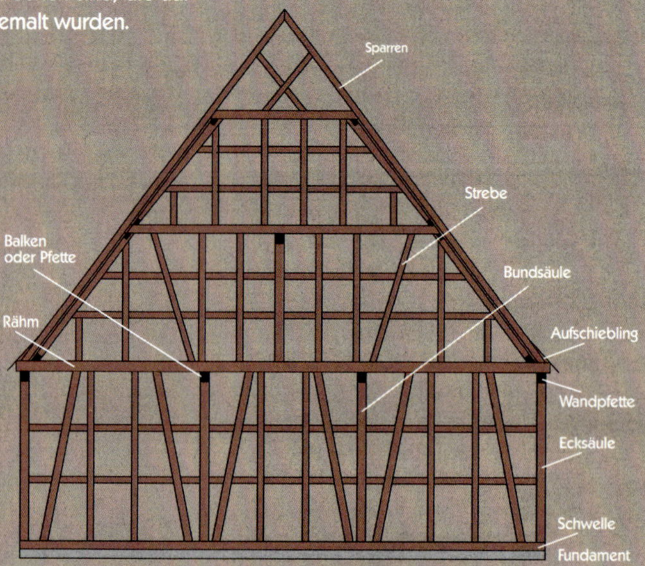

Die Kräfte durch Gebäudelast und äußere Einflüsse wie Winddruck oder Schneelast werden über das vielgliedrige Holzständerwerk in das Steinfundament zum Boden abgeleitet.

wird. Somit steht das Fachwerk vor und würde in der Realität bald wegfaulen, da es sich mit Wasser vollsaugen würde. Bei jedem Gebäude ist aber der Schutz der Baulichkeit vor eindringendem Wasser ganz wichtig. Betrachten wir die Oberfläche von Fachwerkgebäuden eingehender, sieht man, dass die Putzfläche über das Fachwerk hervorspringt. Der Putz steht am oberen Ende des Gefachs nur leicht vor. Zum unteren Ende des Gefaches hin vergrößert sich der Überstand. So tropft das herabfließende Regenwasser nicht in die Riegel (die horizontalen Hölzer), sondern von einem Gefach aufs nächste. So kann das Regenwasser nicht auf den horizontalen Hölzern stehen bleiben und Unheil anrichten (Fäulnis, Ausbrüche verursachen etc.). Das soll im Modell nachgeahmt werden.

Die Gefache werden mit einem Abbrechklingenmesser aus der Polystyrolplatte ausgeschnitten, freihändig, wenn es sich um ein älteres Gebäude handelt, bei dem die Hölzer nicht schnurgerade gesägt sind. Das Lineal wird nur bei modernen Fachwerk-Gebäuden zu Hilfe genommen. Ab einer bestimmten Größe des Gebäudes lohnt es sich, die Gefache zu nummerieren, damit es kein umfangreiches Puzzlespiel wird.

Die ausgeschnittenen Gefache werden mit Feile und Messer bearbeitet, um die Kanten zu brechen und abzurunden, damit sie aussehen wie Putz. Auch lässt sich so eine unregelmäßige Fläche erstellen. Gleichzeitig werden Beschädigungen der Ausfachung in die Fläche eingearbeitet: Unebenheiten in der Oberfläche, Ausbrüche an den Rändern, durchscheinendes Tragwerk der Putzschicht etc.. Diese Art von Alterung erfolgt am besten jetzt, da man dagegen das fertige Gebäude nicht so gut halten und Kraft aufbringen kann.

Die Gefache werden mit einem Polystyrolkleber (z. B. von Revell) eingeklebt. Natürlich benötigt die Fassade eine Unterkonstruktion, damit sich das dünne Polystyrol nicht wölbt. Art und Stärke des Materials hängen von Zweck und Vorliebe des Modellbauers ab. Im vorliegenden Modell (Maßstab 1:45) bietet sich 2,5 bis 3,0 mm starke Finnpappe an, da sie leicht zu schneiden ist. Natürlich kann man auch 3 mm dünnes Sperrholz, eigentlich Mulitplex, verwenden oder eine Polystyrolplatte. Auf diese Weise ergibt sich die natürlich Wandstärke des Originals, denn die Ständer sind oft 220 mm im Quadrat und stärker, besonders an den Ecken.

Das Balkenwerk

Noch bevor die Gefache eingeklebt werden, ist es an der Zeit, die ersten Gravuren am Fachwerk vorzunehmen. Es werden die Ständer optisch von den Riegeln und Kehlbalken getrennt. Dazu dient eine Reißnadel.

Die weitere Gestaltung des Holzes erfolgt, wenn der Kleber getrocknet ist, mit dem die Gefache eingeklebt wurden. Mit der Reißnadel wird nun das Holz gezielt bearbeitet, es

Das Ständerwerk mit Gefachen entsteht

Die nummerierten Gefache werden freihändig mit einem stabilen Abbrechklingenmesser auf der Rückseite ausgeschnitten.

Alle ausgeschnittenen Gefache setzt man wieder in das Gerippe ein, bevor sie weiter gestaltet werden. So gehen sie nicht verloren.

Zum Erstellen einer Fachwerkwand benötigt man wenige Werkzeuge. Reißnadel, Bürste und Feile dienen zur Oberflächengestaltung.

Die Gefache werden zum Rand hin einzeln abgerundet und es werden unterschiedliche Beschädigungen eingearbeitet.

Der Blick von der Seite zeigt die Gestaltung der Fachwerkwand mit rissigem Holzständerwerk und verwitterten Gefachen.

Probeaufstellung der noch im Rohbau befindlichen Reliefwand. Das Dach hat schon seinen festen Unterbau erhalten.

Damit sich die große Wand nicht wölbt, wird auf der Innenseite eine Unterkonstruktion mit Wänden und Böden eingeklebt.

werden große, lange, kurze und schmale Risse in das Polystyrol gezogen, tiefer und weniger tief. Wer möchte, kann auch Astlöcher und die rundliche Maserung um diese mit der Reißnadel formen. Immer wieder muss aufgewölbtes Material, bedingt durch die Ritzungen, geglättet werden. Das geschieht mit einer Stahlbürste oder mit dem stumpfen unteren Ende einer Feile, dabei ist vorsichtig am Balken entlangzufahren und das überschüssige Material abzunehmen. Am Ende der Arbeit muss dann die gesamte Oberfläche gründlich gesäubert werden, damit sich später keine Staubpartikel beim Bemalen in den Farben wiederfinden.

■ *Farbliche Gestaltung*

Jetzt kommt die farbliche Gestaltung an die Reihe. Hier ist großer Wert auf möglichst matt auftrocknende Farben zu legen. Ein für die Modellbahnszene unbekannter Farbenhersteller ist Citadel Miniatures/Warhammer. Dies ist eigentlich ein Hersteller von früheren Wargaming-Figuren, heute Fantasy-Figuren. Wie in dieser Szene üblich, gehört immer wieder die Vergänglichkeit mit ihrem Verfall dazu, der bei Modellen farblich gestaltet werden muss, also die idealen Farben für alte, verwitterte Gebäude. Diese Farben sind wasserlöslich und trocknen sehr matt auf.

Holz, das Wind und Wetter ausgesetzt ist, verändert seine Farbe vom ursprünglichen Braun ins Grauweiße. Also suchen wir uns solche Farbtöne und geben drei Tupfen dieser Farbnuancen auf eine Farbmischpalette. Mit dem Pinsel wird vorsichtig ganz wenig Farbe aufgenommen und dann ein Tropfen der einen Farbe an den Rand einer der beiden anderen Farben platziert und vorsichtig gemischt, noch etwas Wasser aufgenommen, damit die Farbe besser aus dem Pinsel fließt und sie auf die Holznachbildung aufgetragen werden kann. Immer wieder werden die Farben nass in nass auf der Palette, aber auch auf dem Modell gemischt. Farbunterschiede sollten nicht zu krass ausfallen, denn starke Farbabweichungen können nur durch unterschiedliche Holzarten oder Reparaturen entstehen, ansonsten altert das Ensemble gemeinsam. Natürlich ist es angebracht, die Riegel farblich leicht abzusetzen, damit es nicht wie eine einzige Fläche wirkt.

Wenn die Hölzer farblich gestaltet sind, kommen die Gefache an die Reihe. Zunächst werden die Schadstellen angemalt, wobei mit der Unterkonstruktion, dem Weidengeflecht, begonnen wird. Denn es ist leichter, die nächsthöhere Ebene zu bemalen, als sauber in die Tiefe hinein zu malen.

■ *Der Sockel*

Die Schwelle des Fachwerkgebäudes wird zu seinem Schutz nicht einfach auf den Boden gelegt, sondern es wird ein steinernes Fundament gebaut, auf dem das Gebäude steht. Das Fundament steht über. Zu seiner Gestaltung wird ein dünner Streifen Hartschaum verwendet, in den mit einem Bleistift Natursteine eingraviert werden, die später mit entsprechenden Farben angemalt werden.

■ *Das Dach*

Sind die Wände gestaltet, geht es daran, das Dach zu decken. Von Kreativ3.de gibt es gelaserte Dachziegel in verschiedenen Formen, als Biberschwanz, Frankfurter Pfanne und Doppelmuldenfalzziegel.

Für Nenngröße 0 und I werden einzelne gelaserte Dachziegel im treffenden Farbton geliefert. Jeder Packung liegt eine Schablone für die vertikalen Abstände der Ziegelreihen bei. Diese Abstände werden auf die Dachhaut übertragen, eine 0,5 bis 1 mm starke Pappe. Man könnte natürlich auch Polystyrol verwenden. Auf die unterste Reihe sollte man einen 0,5 x 1,0 mm starken Streifen aus Polystyrol oder Pappe kleben, um vorbildgerecht zu decken. Diese hochkant gestellte Dachlatte sorgt im Original dafür, dass das Regenwasser vom Dach in die Dachrinne fließt.

Bei diesem Hintergrundmodell ist es nur ein schmales Stück Dach. Für die Verklebung der Ziegel kann man Uhu hart, Holzkleber oder Uhu Flinke Flasche verwenden. Beim Aufkleben sollte man maximal einen 6 cm langen Kleberstreifen aufbringen, da er sonst anfängt abzubinden und die letzten aufgelegten Ziegel finden keinen Klebehalt mehr.

Gewählt wurden für die Dacheindeckung die Doppelmuldenfalzziegel, da diese sehr häufig auf landwirtschaftlichen Gebäuden zu sehen sind. Kleber wird auf der Linie und auf der vorherigen Ziegelreihe aufgebracht. So kann man später die Dächer gut mit der Puderbeizen-Methode altern.

Bemalung und Alterung

Ein für die Modellbahnszene unbekannter Farbenhersteller ist Citadel Miniatures/Warhammer. Die Farben sind wasserlöslich und trocknen sehr matt, also ideal für Häuser.

Das als Holz gravierte Plastikständerwerk wird lasierend bemalt. Die farblichen Unterschiede der Balken sollten nicht zu stark ausfallen, da alle Hölzer gemeinsam altern.

Nach dem Holz werden die Gefache farblich gestaltet. Die möglichen Farben reichen von Weiß bis Beige. Doch zuerst hebt man die Beschädigungen und Vertiefungen farbig hervor.

Jetzt fehlen nur noch die Firstziegel. Auch diese gibt es bei Kreativ3.de. Mit dem der Pa-ckung beiliegenden Rundholz werden die Firstziegel in Form gebracht. Man füllt und versteift sie mit Kleber und befestigt sie nacheinander auf dem First. Die Abschlussarbeit bildet nach dem Trocknen die Nachbildung des Mörtels, den man bei älteren Gebäuden noch verwendet hat. Heki-Betonfarbe eignet sich sehr gut dafür. Mit einem Pinsel der Stärke 0 wird die Farbe vorsichtig unten am Firstziegel aufgetupft. Später kann man mit der Nass-in-Nass-Maltechnik Flechten in Grün oder Beige auf dem Mörtel aufbringen.

Regenrinne und Fallrohr

Zur weiteren Detaillierung eines jeden Gebäudes gehören Regenrinne und Fallrohre, denn das Wasser, das der größte Feind eines Gebäudes nach dem Feuer ist, muss vom Dach gezielt abgeleitet werden.

Verwendet wurden für diesen Maßstab die Regenrinnen und Fallrohre der Firma Addie, aber es gibt auch andere Anbieter wie Real-Modell. Für die Halterungen der Regenrinnen werden seitlich an den Sparrenköpfen Eisenstreifen, so genannte Rinneisen, angebracht, die so gebogen werden, dass die Rinne eingelegt werden kann und dass sich ein kaum sichtbares Gefälle zum Fallrohr ergibt. Bei der Addie-Regenrinne sollte jedoch jedes zweite Rinneisen entfernt werden, da der Sparrenabstand beim Vorbild in der Regel 65 cm, 75 cm oder 90 cm beträgt. Je nach Dachüberstand des Vorbilds muss die Länge der Winkelung des Fallrohrs, das Kniestück, angepasst werden. Zwei wichtige Details müssen noch selber gebaut werden, die Halterung des Fallrohrs an der Wand, das Schelleisen, und das gusseiserne Standrohr, das den Anschluss an die Drainage herstellt.

Für das Schelleisen kann man Kopierpapier verwenden. Man schneidet einen etwa 0,6 mm breiten Streifen ab und knickt einen Falz für die Nachahmung der Schraubenbefestigung, bevor man den Streifen um das Rohr klebt und dort die zweite Schraubenbefestigung der Schelle imitiert. Die oberste Schelle sitzt gleich unter dem Kniestück, die unterste über dem Übergang zu dem Standrohr. Der Abstand zwischen den Schellen beträgt beim Vorbild zwischen 2 m und 3 m.

Für das Standrohr wird ein 3 mm starkes Evergreen-Rohrprofil verwendet. Der typische dickere Rand bei der Einführung des Regenfallrohrs wird mit einem Papierstreifen imitiert, der mit Kleber bestrichen mehrfach um das Rohr gewickelt wird. Schwarze Farbe und Rostpuder lassen es dann echt aussehen. Das Fallrohr wird angespitzt, das Standrohr etwas aufgebohrt. abgelängt und eingeklebt.

Altern mit Puder

Im Deutschen sprechen wir von Alterung, der englische Begriff „weathering“, übersetzt „Verwittern“, scheint angebrachter, da wir die Einflüsse durch Wind und Wetter am Gebäude wiedergeben wollen. In den 1990er-Jahren verwöhnte uns die Firma Rainershagener Naturals mit erstklassigen Farbpudern zum perfekten Verwittern von Bauwerken. Rainer lehrte uns, die Fließrichtung des Wassers bei der Verwitterung mit einzubeziehen, und gab uns zudem verschiedene Techniken an die Hand. Leider ist die Firma vom Markt verschwunden. Heute ahmen viele Firmen, allerdings unerreicht, deren Puder nach. Der Firma Polak ist es gelungen, die Farben unterschiedlicher Verwitterungspuder vorbildlich zu mischen. Es ist schon ein Genuss, mit diesen neuen Pudern von Polak zu arbeiten.

Puderbeize

Rainer empfahl seinerzeit immer die Puderbeizen-Methode, um die Menge des Puders zu steuern, denn die Puder haben auf den rauen Oberflächen von Papier und matter Farbe eine enorme Haft- und Deckkraft. Für eine Puderbeize werden Wasser und Spiritus im Verhältnis 2:1 gemischt. Eine Pipette, gekauft im Bastelgeschäft oder von den Nasen- oder Ohrentropfen genommen, ist eine wichtige Hilfe beim Einbringen der Flüssigkeit. Diese wird in einen Farbbehälter einge-

Autorenprofil

Andreas Lüneburg, 1958 in Kiel geboren, wurde schon im Stubenwagen zusammen mit der TRIX-Express-Anlage des Vaters fotografiert. Seine Vorliebe ging im Laufe der Zeit immer mehr zur Kleinbahn. Eine besondere Freude für ihn ist der Modellgebäude-Selbstbau und er möchte dabei dem ausgesuchten Original möglichst nahe kommen. Sein Credo ist: Eine Modelleisenbahn zu bauen, ist wie dreidimensionales Malen. Alle Techniken und Materialien sind dafür möglich.

Die sehr feinen Pulverfarben mischt man nass in nass und wechselt dabei die Farbtöne.

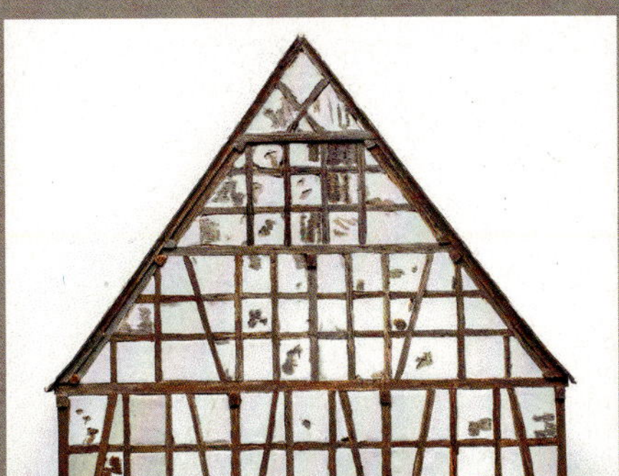
Durch das Wechseln der Farbtöne entsteht ein interessantes Bild einer Fachwerkwand.

Der Spalt zwischen Gelände und Gebäude wird mit einer Masse aus erdig eingefärbtem Fugenspachtel aufgefüllt. Dann gestaltet man ihn mit verschiedenen Pflanzen, Blumen und Gras.

träufelt und das entsprechende Puder mit einem Borstenpinsel vorsichtig aufgenommen und eingerührt. Lieber zu wenig als zu viel Puder nehmen, denn es deckt unglaublich gut. Man sollte auch nicht gleich die dunkelste Farbe verwenden, denn man arbeitet beim Bemalen mit Puderfarben von Hell nach Dunkel. Wenn die Beize trocken ist, kann sie mit einem Borstenpinsel in Richtung des abfließenden Wassers abgebürstet werden. So werden die Flächen wieder heller.

Wir sollten zwei bis drei Durchgänge einplanen, Dunkelbraun für Dreck, Grün für Moos und eine graubraune Farbe für allgemeinen helleren Dreck. Alle Puder kann man mischen, z. B. um helles, trockenes Moos dunkler zu färben, um feuchtes Moos darzustellen.

Dacheindeckung und Regenfallrohre

Von Kreativ3.de gibt es verschiedene gelaserte Dachziegel. Die Doppelmuldenfalzziegel werden als ganze und halbe geliefert.

Die Ziegel werden links am Windort angelegt. Rechts stehen sie über und werden mit einem Messer abgeschnitten.

Die Firstziegel von Kreativ3.de erhalten eine Nachbildung des Mörtels, den man bei älteren Gebäuden als Halt verwendet hat.

Für das Standrohr wird ein Evergreen-Profil verwendet. Den aufgewölbten Rand des Rohrs imitiert mehrfach gewickeltes Papier.

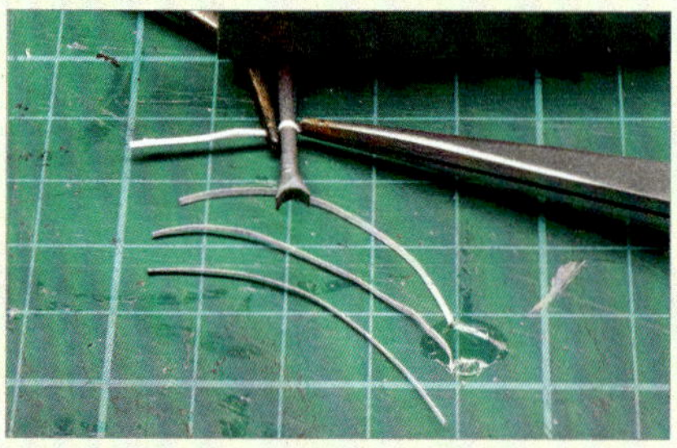

Das Schelleisen wird unter dem Kniestück angebracht. Zum Modellieren der Schraubenbefestigungen nutzt man Pinzetten.

Für das Anmischen der Farben erweisen sich eine Farbenmischpalette oder Kunststoff-Einsätze von Pralinenkartons als ideal.

Das Mischungsverhältnis bestimmt die Intensität der Färbung. Also sollte viel Flüssigkeit in die Schale gegeben und nur wenig Puder mit dem Pinsel aufgenommen werden. Das Puder wird eingerührt und dann mit dem Borstenpinsel aufgetragen. Von daher ist es wichtig, dass die Ziegel gut aufgeklebt worden sind. Sonst wölben sich die losen Ziegel im feuchten Zustand und legen sich nach der Trocknung nicht mehr so glatt wie zuvor.

Die Natur im Blick

Die Grundfarbe der Verwitterung hängt davon ab, auf welcher Seite der Himmelsrichtung wir arbeiten, denn die Sonne, die besonders stark auf die Südseite scheint, bleicht aus, also hellen wir hier mit Beige auf. Der Regen kommt meist von Westen, also ist diese Seite tendenziell grünlicher. Auf die Nordseite kommt keine Sonne, also ist der Grundton dort dunkler, auch der Osten hat eine eher graue Grundfarbe. Die Puderfarben werden entsprechend gewählt.

Beim Dach wird nach dem Verschmutzen mit der Vermoosung weitergearbeitet, also mit Grün. Dieses kann mit schwarzbraunem Puder dunkler gemischt werden, um verschiedene Moos- und Flechtenarten auf dem Dach zu gestalten. Auch die Fassade wird mit „Dreck", „Moos" und „Staub" bearbeitet. Es bietet sich an, mit einem nicht so dunklen Puder zu beginnen, denn die Verwitterung ist nicht immer schwarz. Schnell wirkt das Gebäude sonst zu dunkel.

Farbpulver trocken aufbringen

Aber es muss nicht immer mit der Nass-Technik gearbeitet werden. Die Gefache bleichen durch die Sonne aus. Dieser Effekt lässt sich gut mit der Trocken-Technik darstellen. Ganz wenig Puder wird mit einem Borstenpinsel aufgenommen und im oberen Bereich des Gefaches abgelegt, mit einer sachten Querbewegung verteilt und dann senkrecht, wie das Regenwasser abläuft, nach unten gebürstet. Auch Dächer lassen sich so bearbeiten, aber es gilt, vorsichtig mit der Menge Puder zu sein, die man aufnimmt, denn das Papier bzw. die matte Farbe hat eine stumpfe Oberfläche, auf der die Puder gut haften.

Platzierung der Modelle

Für die Formung des Geländes wird am besten Hartschaum gewählt, eventuell nur wenige Millimeter hoch. Dieser ist leicht mit Messer und Schleifpapier zu formen. Das Fundament wird ausgeschnitten und das Gebäude eingeklebt. Der Spalt zwischen Gelände und Gebäude wird mit einer Masse aus erdfarbenem Fugenspachtel aufgefüllt, in den man Latexbinder in 1:5 verdünnt einrührt. Sogleich können in den Spalt Pflanzen, Blumen und Gras gesteckt werden, so dass die Vegetation bis an das Gebäude reicht.

Andreas Lüneburg

Alle Fotos und Zeichnung: Andreas Lüneburg (25)

„Michel fährt das Hasenfutter mit dem Leiterwagen nach Hause..." Die Halbreliefkulisse mit den beiden Giebelwänden alter Bauernhofgebäude bildet einen interessanten Anlagenabschluss und bietet sich als „Theaterkulisse" für interessante Alltagsgeschichten rund um die Modellbahn an.

Heruntergekommene Gebäudefassaden selbst gebaut am Beispiel Asien

Der Charme einer Anlage besteht maßgebend aus dem richtigen Mix der Gebäude und der Darstellung ihrer Zustände. Viel Zeit mit Recherchen haben schließlich zu einer Auswahl typischer Bauten mit maroden Fassaden geführt.

Foto: Markus Tiedtke

Alles auf Verschleiß

Leben im fernen Osten

Teil 1: Rundgang durch die Stadt (MBS 43)
Teil 2: Gestaltung und Technik (MBS 44)
Teil 3: Marode Bauten als Kunstwerk

Die Altstadt von „Ga Long Bien“ in Fernost ist dicht besiedelt und die kleinen Häuser haben schon bessere Zeiten gesehen.

Fassade mit abbröckelndem Putz

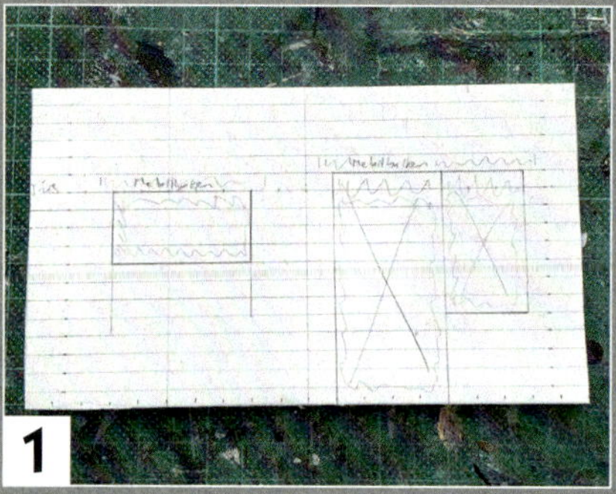

1 Auf eine 5 mm starke Depafitplatte werden alle erforderlichen Maße zum Herstellen einer Hausfassade in 1:1 aufgemalt.

2 Mit einem scharfen Messer schneidet man Fenster und Tür sowie den Fenstersturz aus der Platte sauber heraus.

3

4 Der Nachbildung von Ziegelsteinen dient eine dünne Korkplatte. Die wird zuerst in lange Streifen mit einer sehr scharfen Messerklinge zerschnitten. Anschließend längt man die Streifen in kurze Stücke ab, so dass sich die Größe von herkömmlichen Ziegelsteinen ergibt.

5 Die einzelnen, mit Zwischenraum aufgeklebten Korkplättchen ergeben das Ziegelmauerwerk. Ausgerichtet werden sie an den aufgetragenen Bleistiftstrichen.

Nach der Bemalung und Patinierung präsentiert sich die Hauswand im maroden Zustand. Allerdings überzeugt die Plastizität des Putzes durch reine Bemalung Thomas Schmid nicht und er sucht eine andere Lösung für den abbröckelnden Putz ...

6 Die gesamte Fassade besteht nicht nur aus Mauerwerk, sondern dieses wurde nur dort aufgeklebt, wo später der Putz abgefallen ist und die Ziegel dann sichtbar werden.

Die Tür- und Fensterrahmen der Absperrgitter bestehen aus dünnen Polystyrolteilen, die durch Bemalung rostig wirken.

7 Die Fassade aus Kork zusammen mit den Fensterbänken erhält einen Überzug aus dünn aufgetupftem Gips. Auch die schmalen Mauerfugen werden damit verschlossen.

Das kleine Schaustück „Ga Long Bien“ konnte mit seinen zahlreichen Szenen und Funktionsmodellen bereits in den Modellbahn*Schulen* 43 und 44 die Leser begeistern. Thomas Schmid war bei der Umsetzung seiner Vorstellungen allerdings auf den Selbstbau angewiesen. Für ihn als Architekten ist das aber kein Problem, denn Modellbau gehört zu seinem Metier. In der heutigen Ausgabe der Modellbahn*Schule* zeigt er, auf welche Art er die maroden Fassaden im Maßstab 1:35 hergestellt hat. Diese Arbeitsmethoden sind natürlich auch auf andere Maßstäbe übertragbar und wer ähnlich verfallene Häuser mit europäischem Stil auf seiner Anlage aufstellen möchte, kann sich viele Tipps abschauen, denn kein Hersteller hat ein glaubhaft aussehendes, marodes Haus als Serienprodukt im Angebot.

■ *Gebäude als Selbstbau*

Die hier gezeigten Bauten haben nur entfernt etwas mit tatsächlichen Vorbildern zu tun. Diese wurden nach ausgiebigem Durchstöbern in Zeitschriften und im Internet gefunden und dann an die Bedürfnisse der kleinen Ausstellungsanlage mit ihrem geringen Platz vor allem in der Tiefe angepasst.

Ihre Volumen sind im Vergleich zum Vorbild kleiner gehalten, nicht jedoch die Geschosshöhen. Das fällt wegen der engen und bunten Bebauung auf der Anlage gar nicht auf. Viele Gebäude sind als Hintergrundkulisse sogar nur als Reliefs ausgeführt.

Alle Bauten entstanden im Eigenbau. Sie bestehen aus Gips, Karton, Depafitplatten und Kunststoff, einfache und kostengünstige Baustoffe, welche sich in jedem Bastlerhaushalt finden. Für die Fassadengestaltung kamen zusätzlich Holz, Karton, Gips, Kunststoffplatten, Kork und Messingprofile dazu.

Wert hat Thomas Schmid auf abgebröckelten Fassadenputz, kaputte Betondecken mit herausschauenden Moniereisen und verblasste Putzfarben gelegt, um den maroden Zustand deutlich hervorzuheben.

Besonders augenfällig und für deutsche Verhältnisse unvorstellbar: Im Hintergrund bildet am kleinen Fluss ein primitiver Gebäudekomplex aus Restteilen den Anlagenabschluss, praktisch ein Slumhaus. Weltweit leben unzählige Menschen in solchen grob zusammengehauenen Behausungen. Alles,

Modellbauerprofil

Thomas Schmid, 1971 in Teufen (Schweiz) geboren, Architekt von Beruf, bastelt schon seit seiner Kindheit leidenschaftlich gerne. Seine Modellbautätigkeiten sind erst in den letzten 14 Jahren wieder intensiviert worden. Der Fokus steht dabei auf Kleinstanlagen mit phantasievollem Charakter. Das verschafft ihm Entspannung vom Alltag. Immer wieder stellt er seine kleinen Modellbahnkosmen auf internationalen Ausstellungen in Europa dem Publikum vor.

Gegossene Putzfassade

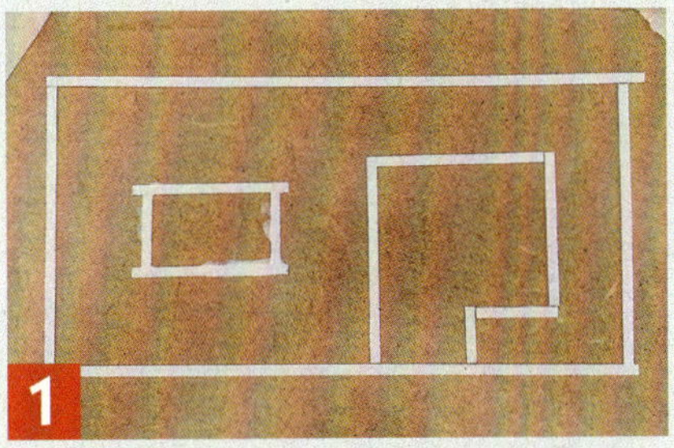

1 Für die neue Putzschicht ergibt ein Rahmen aus flachen Polystyrolprofilen in der Größe der Hausfassade eine Gussform.

2 Moltofill oder Fugenfüller, beide haben verlängerte Abbindzeiten, wird in den Rahmen gefüllt und mit Strukturen verstrichen.

3 Die im Gießrahmen ausgehärtete, dünne Putzfassade passt auf den Unterbau und muss nur noch bröcklig gestaltet werden.

4 Alle bröckligen Putzflächen, die auf der alten Fassade als neuer Putz aufliegen sollen, streicht man satt mit Weißleim zum Festkleben auf.

5 Die zuvor bearbeiteten und teilweise zerbrochenen Putzelemente ergeben ein neues, jetzt dreidimensionales Fassadenbild.

6 Mit verschiedenen matten Farben und Pastellkreiden erhält die Fassade durch mehrschichtigen Auftrag ihr endgültiges Aussehen.

7 Plakate und ein Vorhängeschloss runden die Hintergrundfassade ab. Noch ist die fertige Fassade als ebenerdiges Element gedacht...

8 ... Während der weiteren Bauphase stellt sich heraus, dass man die Fassade rechts hinter dem im Vordergrund stehenden Haus nicht mehr sehen kann, so dass sie zweigeteilt wurde und nun übereinander gesetzt ein zweigeschossiges Haus ergibt.

Slum-Fassade

Die Basis der Slum-Fassade bilden unterschiedliche Strukturen aus in Formen gegossenen Gipsbruchstücken und Depafitplatten.

Erster Versuch der Anordnung von bereits bemalten Wellblechplatten als primitive Fassadenverkleidung rund um ein Fenster.

Alle Holzfassadenelemente bestehen aus unterschiedlichen Holzleisten und Platten, die beim Verkleben noch nicht bemalt sind.

Nachdem die Fassade alle sie abdeckenden Elemente aus Holz, Blech und Wellblech erhalten hat, beginnt die mehrgängige Bemalung und anschließende Alterung.

Foto: Markus Tiedtke

Eine ärmliche Hausfassade am Ufer des Flusses bildet den Anlagenabschluss im Hintergrund und symbolisiert eine slumähnliche-Siedlung, wie sie zuhauf in armen Ländern anzutreffen sind.

Thomas Schmid hat mit der fertig bemalten, kleinteiligen Fassade bewiesen, dass er mit Farben umgehen kann, um eine realistische Alterung aller Elemente zu erzielen.

Zahlreiche zusätzliche Details wie Regenfallrohre, Elektrokabel, Stromisolatoren und Abdeckgitter an den Fenstern beleben die zusammengeschusterte Fassade.

Erst bei näherer Betrachtung erkennt man die vielen Details und die perfekte farbliche Alterung, die zusammen dieses Slumgebäude erst zum Leben erwe-cken. Aber auch die unterschiedlichen Baumaterialien tragen zum interessanten Gesamtbild bei.

was irgendwie zum Bau verwendet werden kann, wird hier eingesetzt. Vor allem Wellblech und Altholz. Diese armselig aussehenden Behausungen sollten auch bei diesem Gebäudemix auf der Anlage nicht fehlen.

Alle Fensterrahmen und Absperrgitter sind selbst gebaut, teilweise aus Polystyrolprofilen und aus Draht. Erstmals wurden auch zierliche Fensterrahmen und Lamellen-Fensterläden mittels des Lasercut-Verfahrens aus stabilem Architekturkarton hergestellt.

»Marode Häuser sind im Modellbau einzigartige Unikate«

Die meisten Details und Bauteile an den Gebäuden sind selber gefertigt. Dabei wurden bewusst nur sehr wenige käufliche Zurüstteile verwendet. Da im Maßstab 1:35 eine Detailfülle möglich ist, wurden die Häuser entsprechend mit kleinen Elementen wie primitiv verlegten Kabelleitungen und Verteilerdosen, Isolatoren, Lüftern, Trinkwasserbehältern auf

Beschädigte Betonböden

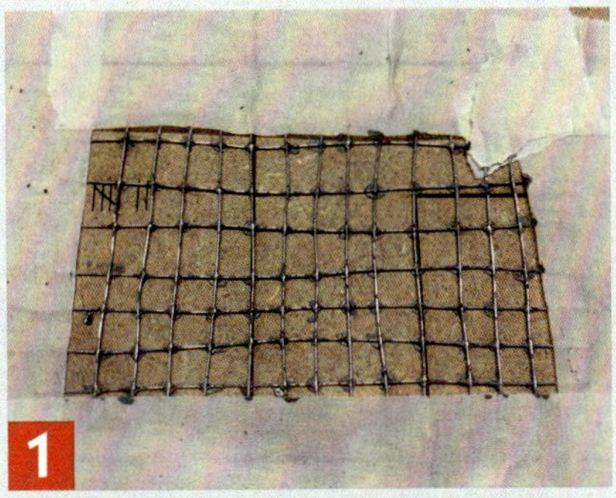

1 Ein einfaches und zugleich primitiv wirkendes Drahtgeflecht hat Thomas Schmid für zwei Betonböden zusammengelötet.

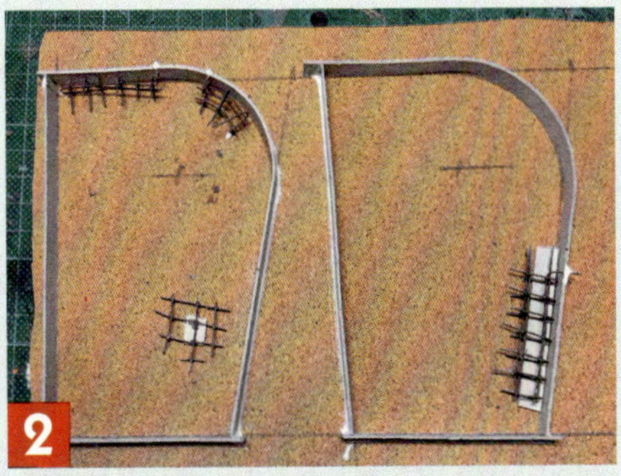

2 In mehrere Elemente zerschnitten und rostfarben bemalt dient es als Moniereisen, das später aus Betonbodenplatten herausschaut.

3 Heller, feiner Splitt als spätere Bruchkante bedeckt als Haufen teilweise die auf dem Gießrahmen festgeklebten Gitter.

4 Die Formen für Decke und Zwischenboden werden mit den darin befindlichen Gittern nebst Splitt mit Gips randvoll gefüllt.

5 Nach dem Lösen der beiden Teile aus den Formen zeigen sich die Bodenplatten mit ihren künstlichen Bruchstellen auf eindrucksvolle Weise. Der lose Splitt gibt den rostigen Draht frei.

Bei beschädigten Betonplatten oder Wänden wird oft das darin verwendete Moniereisen sichtbar. Thomas Schmid wollte genau diesen Effekt auch bei seinen Gebäuden und der Straßenbrücke sichtbar machen.

So kam er auf die Idee, ein aus Draht zusammengesetztes Gitter in selbstgegossene Gipsteile zu legen, um diese anschließend an den Bruchstellen sichtbar werden zu lassen. Die zerschnittenen Drahtgeflechte erhielten einen rostfarbenen Anstrich. Die klebte er an den Rahmen der Gießform fest, um sie dann bei der späteren Entnahme der fertigen Gussteile mit einem Seitenschneider wieder abzutrennen.

Doch wie kann man die Bruchkante wirkungsvoll darstellen, ohne dass man den ausgehärteten Gips an den Stellen mit Draht später wieder mühsam ausgravieren muss? Er nutzte dafür kleine, helle Splittsteinchen. Als Haufen zwischen den Draht geschüttet, verhindern die Steinchen, dass der Gips alles bedeckt, denn er kann nicht tief in den Steinhaufen eindringen. Nach Entnahme der ausgehärteten Gussteile rieseln die nicht mit dem Gips verbundenen Steinchen zwischen den Drahtstücken heraus. Übrig bleiben die nur mit dem Gips verbundenen Steinchen und die bilden eine raue Bruchkante, aus der der Draht frei herausragt. Beide Gipsoberflächen bekamen im Abschluss durch Überschleifen einen glatten Boden, während die Randflächen unregelmäßig und ausgebrochen dargestellt wurden.

Haus mit runder Ecke

1
Nachdem Boden und Decke als Gipsplatten fertig sind, werden die Wände aus Depafit entsprechend geformt und angepasst.

2
Erneut dient dünner Kork als Basis für die unterschiedlichen Fassadenelemente. Die Ecksteine, ebenfalls aus Kork, sind einzeln aufgeklebt.

3
Die auf die runde Ecke geklebte Korkfläche verdeckt die vielen eingeritzten Biegekanten der gerundeten Depafitplatte.

4
Auf den unbehandelten, offenporigen Kork lässt sich wunderbar Gips oder Moltofill als spätere Rauputzfassade auftragen.

5
Um abgebröckelten Putz darzustellen, kratzt man an einigen Stellen den Gips vorsichtig weg und legt die Korkoberfläche frei.

6
Die Figur zeigt, dass die Proportionen des zweistöckigen Gebäudes vor allem in der Raumtiefe aus Platzgründen gestaucht sind. Das fällt aber später in der fertigen, dicht gedrängten Anlage nicht mehr auf.

Zahlreiche Details auf der Anlage bereichern die vielen Szenen. Zusammen mit den Figuren lenken sie den Betrachter von der aus Platzgründen starken Verdichtung der Bauwerke ab.

Foto: Markus Tiedtke

Das „Moonview Hotel" hat auf der Anlage Platz genommen. Seine wahre Größe, oder besser gesagt, seine Winzigkeit geht in dem vielen Kunterbunt des näheren Umfeldes unter, zumal auch die Nachbargebäude allesamt klein und kompakt gehalten sind. Alles zusammen genommen ergibt für die Kleinanlage ein glaubwürdiges, dicht gedrängtes und sehr belebtes Altstadt-Ensemble, wie es in Fernost vielerorts anzutreffen ist.

7
Das Gebäude ist mit selbst angefertigtem bzw. gelaserten Geländer und angesetzter Eisentür am Eingang nun vollständig. Die farbige Alterung versetzt sein gesamtes Aussehen in einen erbärmlichen Zustand.

dem Dach oder Klimaanlagen an der Hauswand sowie mit wild verlaufenden Regenfallrohren und angedeuteter Neonreklame ausgestattet, alles natürlich im dazu passend heruntergekommenen Zustand.

Am meisten Vergnügen hatte Thomas Schmid beim Altern der Bauwerke. Alles sollte stark abgenutzt und sogar im Verfallsstadium sein. Seine farbige Patina bei den Straßen und an den Bauwerken gibt der ganzen Szenerie zusätzlich das gewisse Etwas.

Entscheidend für ihn war beim Gestalten des Schaustücks „Ga Long Bien" nicht das absolut detailgetreue Nachbilden der Bauwerke und ihrer Einzelteile, sondern vielmehr machen die richtige Mischung aus unterschiedlichen Architekturstilen und kleinen hinzugesellten Elementen nach eigenem Gusto sowie die Patina den Realitätsgrad von maroden Häusern aus, wie man sie nicht nur in Asien, sondern auch anderswo in ärmeren Ländern antreffen kann. *Markus Tiedtke*

Das hintere Kerngebäude des Hotels hat seinen ganz eigenen architektonischen Stil und stammt noch aus der Kolonialzeit.

Gelaserte Fenster

1 Erstmals konnte Thomas Schmid selbstkonstruierte, zierliche Fenster- und Türelemente beim „Moonview Hotel" verwenden, da er inzwischen Zugang zu einem Laser hat. Als Material wählte er 1 mm starken Architekturkarton.

2 Mit den zierlichen Fenstern und Klappläden bestückt und fertig bemalt ist das in die Jahre gekommene hintere Gebäude des „Moonview Hotel" eine echte Augenweide geworden.

Fotos, sofern nicht anders genannt: Thomas Schmid (40)

Ungewöhnliches Licht auf kleinem Raum

Schlechtes Wetter mit Sturm ist als zentrales Motiv in der Umsetzung auf einer Modellbahnanlage eine Herausforderung. Das fahle Tageslicht hat seinen ganz eigenen Charme und die zahlreichen eingeschalteten Lichter auf der Anlage sorgen für romantisch anmutende Szenen.

Grau und stürmisch ist es an diesem Novembernachmittag im belgischen Industriestädtchen Ougrette.

Stürmisch

OUGRETTE

Auf wenig Raum bietet Hans Louvet detailreiche Motive rund um eine zweigleisige Bahnstrecke mit regem Bahnverkehr in einer Industrieregion.

Hans Louvet ist seit Jahren ein bekannter niederländischer Anlagengestalter und ist häufig mit immer wieder neuen Modellanlagen unterschiedlicher Größen auf verschiedenen Ausstellungen in Deutschland und in den Nachbarländern anzutreffen gewesen. Der fleißige Modellbauer hat oft mit anderen niederländischen Modellbahnern die unterschiedlichsten Anlagenthemen in verschiedenen Nenngrößen und Dimensionen erschaffen.

Auf seinem jüngsten Werk, einer H0-Kleinanlage mit einer angedeuteten belgischen Kleinstadt namens „Ougrette", prägt das bläulichschummrige Licht eines stürmischen Novembertages die Ausleuchtung der zahlreichen Szenen rund um einen Straßenzug mit Bahnübergang. Die Kleinstadtkulisse „Ougrette" ist angelehnt an eine tatsächliche Kleinstadt im Großraum Lüttich mit der dort ansässigen Schwerindustrie mit Hochöfen und Stahlwerken, wie man sie in den 1960er-Jahren dort antreffen konnte. Auf der mehrschichtigen, reliefartigen Hintergrundkulisse werden der Ort und die Stahlindustrie angedeutet, aber im direkten Blick der Betrachter simuliert eine breite Leinwand mit darauf projizierten schnell vorbeiziehenden Wolken einen grauen Sturmtag. Diese Wand befindet sich direkt hinter der Reliefkulisse. Auf der Anlage wackelt zudem ein großer Baum, um den blasenden Wind bei den ansonsten statisch stehenden Bauwerken zu simulieren. Ein Motor sorgt für die Baumbewegung.

Mittels der heute modernen LED-Lichttechnik hüllt ein wechselndes Tageslicht die Anlage mal in fahles Tages-, mal in dämmriges Blaulicht. Insgesamt ist die Anlagenbeleuchtung gedämpft, so dass die zahlreichen eingeschalteten Lampen hinter Fenstern, in einer Fabrik und auf den Straßen die Anlage punktuell in eher romantisches Licht tauchen und damit Akzente beim Betrachten setzen.

Die kleine Maschinenfabrik am linken Anlagenrand hat einen Gleisanschluss, wie er früher häufiger bei zahlreichen Kleinbetrieben anzutreffen war.

Im Inneren der kleinen Fabrik gelangt die Bahn in die große Werkhalle mit mächtiger Presse und mehreren metallbearbeitenden Maschinen.

Viel Platz braucht es nicht, um eine eindrucksvolle Kulisse als Einrahmung für die kurze, zweigleisige Bahnstrecke mit kleinem Bahnhof entstehen zu lassen. Die schmalen Häuser im Hintergrund gehen fließend in die nur noch flach angedeuteten Relieffassaden weiterer Gebäude (farbige Ausdrucke von fotorealistischen Gebäuden) über. Die Querstraße ist schmal, reicht aber als Andeutung. Mit einer gemalten Hügelkette schließt die Anlage im Hintergrund ab.

Im Vordergrund behindert auf der rechten Seite ein Gebäudeblock den Blick auf die Bahnstrecke dahinter und sorgt so für eine enorme räumliche Tiefe. Die Inneneinrichtungen durften bei einigen Geschäften nicht fehlen. Auf der linken Anlagenseite kann man die Innenein-

»Schlechtes Wetter ist auf Modellbahnanlagen selten anzutreffen«

Die kleine Werkstatt rechts der Halle ist mit zahlreichen Kleinteilen liebe-

Ein Speiseraum für die Frühstücks- und Mittagspause darf für die Mitar-

Der rechte Hausblock mit dem schmalen Eckhaus behindert geschickt den Blick in die hintere rechte Anlagenecke mit den Zufahrten zum Fiddleyard.

Der Häuserblock im Anlagenvordergrund besticht durch zahlreiche Details und einige Innenraumgestaltungen. Die Innenbeleuchtungen tragen wesentlich zur Wirkung bei.

richtung einer Maschinenfabrik bewundern, denn die Innenräume der Halle, Werkstatt und des Pausenraums sind zur Betrachterseite offen.

Lassen Sie sich als Betrachter verzaubern von der perfekten Darstellung eines stürmischen Novembertages in einer provinziellen Kleinstadt – mit regem Bahnverkehr mit Personen- und zahlreichen Güterzügen für die benachbarte Schwerindustrie sowie den Rangierfahrten einer belgischen V 60 in die Maschinenfabrik.

Markus Tiedtke

Der Blick aus der Fabrik Richtung Bahnhof offenbart die geschickt verschachtelten Kulissenhäuser im Hintergrund.

Hinter dem rechten Hausblock im Vordergrund befinden sich der Bahnhof und die Zufahrten der Bahn hinter die Kulisse.

Der Bahnübergang mit seinem wechselnden Zugverkehr vor Kleinstadtkulisse bildet den optischen Mittelpunkt der Schaukastenanlage.

Geschickt gestaltet läuft die leicht ansteigende Kopfsteinpflasterstraße hinter dem Bahnhof schmaler werdend in den reliefartigen Hintergrund.

Alle Fotos (13): Markus Tiedtke

Auch die rechte Straßenseite gibt durch ihre fotorealistischen Hausfassaden aus dem Farbdrucker den Flair der 1960er-Jahre treffend wieder.

Matten im Landschaftsbau
Teil 1: Zupfmatten statt Einzelfasern
Teil 2: Übersicht der Mattenarten

Die Vielfalt der Grasmatten im Überblick

Grasmatten versprechen naturgetreue Landschaften auch für Ungeübte. Die Vielfalt ist groß und alle tragen die gestalterische Handschrift des Herstellers, was jedoch zu sehr unterschiedlichen Pflanzenflächen führen kann.

Rasen von der Matte

H0-Schaustück: Busch

Der Umgang mit einem Beflockungsgerät, oft auch als Elektrostat bezeichnet, muss geübt sein, um naturgetreue Landschaften mit Grasfasern auf seiner Anlage zu erzielen. Auch die richtige Wahl der Fasern und anderer Begrünungsmaterialien tragen letztlich zum Gesamtergebnis entscheidend bei. Beides zusammengenommen überfordert aber den Gelegenheitsbastler, der sich nur selten mit der Landschaftsgestaltung beschäftigt. Die Zubehörindustrie winkt jedoch mit fertigen Lösungen für genau diese Bastlergruppe, um ohne große Mühen zu einer naturgetreu aussehenden Landschaft zu gelangen.

Wie schon bei der Betrachtung der Grasfasern festgestellt, die die selben Anbieter in ihrem Programm haben, fällt die Farbigkeit der Grasfasermatten sehr unterschiedlich aus. Kein Wunder, verwenden die Anbieter ja auch die gleichen Fasern bzw. Flock, wie sie auch lose abgepackt für die Verwendung mit einem Beflockungsgerät angeboten werden. Daher sollten man den Artikel „Sommergras" in der Modellbahn*Schule* 45 zum Vergleich heranziehen, um die Beurteilung der hier gezeigten Grasmatten besser verstehen zu können. Auch bei den hier dargestellten Produkten haben wir uns wieder in erster Linie auf die Vegetation der Sommermonate konzentriert, da diese Jahreszeit die meistvertretene auf Modellanlagen ist. Natürlich konnten wir aus Platzgründen nicht alle derzeit angebotenen Grasmatten in diesem Artikel aufzeigen, weshalb wir uns auf die wesentlichsten konzentriert haben, und die zeigen dennoch die Vielfalt der Grasfasermatten.

»Matten vereinfachen für Ungeübte den Landschaftsbau«

Grasbüschel und -flächen

Beliebt sind Grasfaserbüschel, die von einer Trägermatte leicht abzuheben sind und überall auf der Anlage aufgeklebt werden können. Die meisten Anbieter von Grasfasermatten bieten auch entsprechende Produkte zur Abrundung ihres Programmes an. Das sind entweder punktuelle Faserbüschel, in der Regel zwei oder mehrfarbige Flockmischungen oder leicht zerteilbare Matten, die auch sehr kleine Büschel ermöglichen.

Alle Produkte können in ihrer Handhabung überzeugen. Geklebt werden die kleinen Büschel mit durchsichtigem Haftkleber mit recht schneller Abbindezeit.

Bei flächigen Grasmatten baut der tragende Untergrund (Produkte von Busch, Model-Scene) verhältnismäßig dick auf, was während der anschließenden Landschaftsgestaltung beim Einsanden des Untergrunds mit berücksichtigt werden sollte.

Das Trägermaterial der Matten von Model-Scene ist ein dünner Filz, auf dem die Grasbüschel fest verankert sind. Das hat zur Folge, dass man entweder die Matten in größere Flächen aufteilt, die mit Weißleim festgeklebt und anschließend mit Bodengrund eingestreut werden, oder man zerschneidet den Filz zu kleinen Büscheln, die anschließend eingesandet werden müssen.

Die meisten Produkte konnten bei ihrer Darstellung der natürlichen Farben weniger überzeugen. Die Grasmischungen von Busch sind zu bunt. Besonders stumpf wirken die oft tristen Farben von MBR, eigentlich alles Grasbüschel, die eher für den schneelosen Winter geeignet sind, weniger für den Sommer.

Gefallen haben dagegen die Grasbüschel vom holländischen Anbieter Welberg. Ihre abstehende, buschige Struktur mit natürlichen Grüntönen und unterschiedlich langen Fasern kann man selbst nicht besser anfertigen. Auch die Büschel von Model-Scene können für den Hochsommer genommen werden, einzig die dunkelbraune Faser stört, hier hätte ein anderer Beigeton gut getan.

Drei Grasfaserprodukte als Farbreferenzen für Sommerlandschaften

Unter „Grün" (Art.-Nr. 54-0602) erhält man bei MBR eine saftiggrüne Universalfaser für den gepflegten Gebrauchsrasen beispielsweise im heimischen Sommergarten.

Perfekte Mischung mehrerer Fasern zu einem Landschaftsgras, das „Medium Green" (Art.-Nr. FS 622) von Woodland für den Hochsommer, geeignet für Böschungen oder Wiesen.

Das „Light Green" von Woodland (Art.-Nr. FS 623) überzeugt farblich als vertrocknetes Landschaftsgras, an dem sich vergleichbare Mattenprodukte messen müssen.

In der Modellbahn*Schule* 45 wurden verschiedene sommerliche Grasfasern bzw. Flock und angebotene Mischungen auf ihr natürliches Aussehen und ihre Verwendung im naturgetreuen Landschaftsmodellbau von der Rasenexpertin Sabine Braitmaier und dem Anlagenbauer Michael Butkay begutachtet. Viele Mischungen konnten nicht überzeugen, doch einige trafen die Farben von Gräsern, wie sie in der Natur tatsächlich vorkommen.

Drei Top-Produkte haben wir als Referenzmuster hier abgebildet, an denen sich die in diesem Artikel gezeigten Grasmatten bezüglich ihrer Farben messen müssen.Zwar entsprechen im Druck die Farben nicht 100-prozentig den tatsächlichen Farben der Produkte, aber dennoch ist ein Vergleich möglich, da fototechnisch auf höchste Präzision in der Produktabbildung Wert gelegt worden ist. Deshalb sind alle Produkte unter den gleichen Lichtbedingungen mit einer hochauflösenden, professionellen Studiokamera aufgenommen und bei der anschließenden Bildbearbeitung sind die Farben der Bilder stets mit den unter Normlicht daneben liegenden Produkten abgeglichen worden.

Auch hier fällt auf, dass die Katalog- und Internetfotos der Anbieter oft nicht den uns vorliegenden Originalen entsprechen. Das zusammengenommen hat viel Zeit gekostet, führt aber zu jenen aussagekräftigen Fotos, anhand derer Sie als Leser und Leserin selbst entscheiden können, welche Produkte in Farbe und Ausführung der Natur am nahesten kommen.

■ *Matten mit Grasstukturen*

Besonders interessant sind die Matten mit unterschiedlichen Grasfasern oder mit blühenden Pflanzen als großflächige Wiesen. Hier ist das Angebot recht groß und alle Matten können auch ohne Veränderungen als Landschaftsmatten flächig genutzt werden, die man am Rand nur noch passend zuzuschneiden braucht. Allerdings unterscheiden sich die Produkte nicht nur in der Vegetationsart. Die Fasern sind unterschiedlich kombiniert und oft so in der Natur nicht anzutreffen. Die Finger sollte man von den bunten Grasfasermischungen lassen, da nicht mehr zeitgemäß und es bessere Produkte gibt.

Bei MBR vermisst man die sommerlichen Grüntöne, bei Faller hat man sich im Farbtopf vergriffen, manche Produkte sind viel zu gelb und hohe Fasern sind spärlich aufgebracht. Model-Scene bietet zweifarbige Grassoden an, deren Grüntöne sich beißen, usw. Die Mängelliste könnte man beliebig fortsetzen.

Einzig MiniNatur hat einen Grünton, der dem gepflegten und gut gewässerten Gebrauchsrasen des heimischen Gartens entspricht. Keines der von uns betrachteten Produkte kann jedoch beim sommerlichen Landschaftsrasen farblich überzeugen. Hier ist Woodland mit seiner losen Flockmischung unangefochten die Nummer eins.

Matten mit Grasfaserbüscheln zum Abziehen (Auswahl)

Der polnische Baumanbieter MBR hat auch Flock in seinem Programm. Neben einzelnen Grasfasern bietet er Matten zum Zerrupfen. Die Matte „Gras-3" (Art.-Nr. 55-1003) will aber farblich nicht in den Sommer passen, da zu viele braune Fasern vorhanden sind. Auch wirken die 4 bis 8 mm langen Fasern zerzaust.

Die „Rasensode mittel" von Model-Scene (Art.-Nr. F514) besteht aus zahlreichen Büscheln, deren mehrfarbige Fasern schön buschig stehen. Wären statt der braunen Fasern noch weitere andersfarbige Beigetöne dabei, käme es unseren Referenz-Landschaftsgräsern sehr nahe. Dünnes Vlies dient als Trägermaterial.

Die Matte „Gras-4" von MBR (Art.-Nr. 55-1004) setzt sich aus 2 bis 4 mm langen Fasern zusammen. Die Farben sind allerdings so gewählt, dass sie nicht als Landschaftsgras taugen, da auch hier zuviel Dunkelbraun vorhanden ist. Eher können die kreuz und quer stehenden Grasbüschel im Wald versteckt werden.

Die hohen „Grasbüschel Sommer" vom niederländischen Anbieter Welberg (Art.-Nr. P 402) befinden sich auf einer dunklen Plastikfolie und lassen sich gut abheben. Leider stehen die Büschel nicht wirklich buschig, und mit nur zwei Faserfarben wirken die Büschel nicht lebendig genug, obwohl die Farben zum frühsommerlichen Landschaftsrasen passen.

■ ***Verkrautete Landschaft***

Interessant für den Landschaftssbau sind die Matten mit niedrigem Gestrüpp oder kleinen Büschen. Auf den Fasern tragen die Hersteller zusätzlich Blätter (MiniNatur), Schaumstoffflocken (Welberg) oder weitere Fasern auf, um ein dichtes Gestrüpp zu imitieren. Die Matten lassen sich wie normale Grasmatten zerreißen oder zerschneiden, um auch kleine Flächen mit Gestrüpp bedecken zu können. Diese Unkrautmatten können zudem als gezielte Ergänzung zur Darstellung von Gestrüpp auf Modellbahnanlagen und Dioramen dienen, deren Landschaft mit einem Elektrostaten und losen Fasern selbst hergestellt wird. Bei diesem Mattentyp punktet der Niederländer Welberg, weniger dagegen Polak, wie die Fotos zeigen.

Matten zur flächigen Verwendung (Auswahl)

Das „Sommergras" von Busch (Art.-Nr. 1303) steht schön dicht und senkrecht und würde einen Landschaftsrasen abgeben, wären da nicht die vielen bunten Fasern wie rote, gelbe und giftgrüne nicht untergemischt. Daher bezeichnen wir dieses Produkt als „Nostalgie-Mischung", wie sie in den 1970er-Jahren üblich war.

Die A3-große Grasmatte „Wiese Sommer" von MiniNatur (Art.-Nr. 720-22S) besteht aus dunkelgrünen Fasern, aufgetragen auf einem Netz, das man zerschneiden kann. Das saftige Grün entspricht einem sommerlichen Gebrauchs-, Sport- oder auch Golfrasen, wobei die Fasern dafür zu hoch stehen. Ideal für 0 oder 1.

In der Packung „Groundcover" von Busch (Art.-Nr. 1300) befinden sich vier handflächengroße Grassoden. Diese sind leider sehr bunt.

Das „Sommergras" von Busch (Art.-Nr. 1303) zeigt zu buntes, hochsommerliches Landschaftsgras, dessen Fasern aber senkrecht stehen.

Beim Bodendecker „Spätsommergras" von Busch (Art.-Nr. 1304) dominieren braune und rote Fasern. Er passt besser zum Spätherbst.

Auf der „Wiese mit Unkraut" (Art.-Nr. 721-22S) hat MiniNatur loses Blattwerk als Unkrautimitat aufgestreut, was aber nicht überzeugt.

Matten mit unterschiedlichen Grasfaserstrukturen (Auswahl)

Das „Distelfeld" (Art.-Nr. 1316) wird derzeit von Busch nicht angeboten, wird aber wegen seiner dichten Blütenstände als Produktanregung für andere Feldblumen hier vorgestellt. Leider stören die zahlreichen bunten Fasern im Landschaftsgras.

Die beigen Büschel in der „Frühlingsaue" von Busch (Art.-Nr. 1306) können überzeugen, weniger das frische Gras am Boden, da es zu bunt gemischt ist.

Die „Sommeraue" von Busch (Art.-Nr. 1306) passt eigentlich eher zum Spätfrühjahr oder Frühsommer. Das niedrige Gras ist allerdings zu bunt.

Die „Wiese dunkel" (Art.-Nr. 180489) ist bei Faller wohl falsch bezeichnet worden, denn von Dunkel kann bei diesem Produkt keine Rede sein. Weder das giftige und zudem bunte Grün als Bodendecker noch die mehr flach liegenden, beigen Halme können überzeugen.

Die sommerlichen Naturfarben bei den A3-großen Bodendeckern trifft MBR nur bedingt, ganz im Gegensatz zu seinen Baumprodukten. Die 4 bis 8 mm hohen Fasern der „Wiese-13) (Art.-Nr. 55-1013) sind vom Wind etwas zerzaust, die trocknen Halme wirken stumpf und trotzdem blüht die vertrocknete Wiese.

Die „Rasensode klein" (Art.-Nr. F 518) ist bei Model-Scene zweifarbig grün gehalten. Die Trennung zwischen dunklen und hellen Grünbüscheln lassen das Produkt fleckig erscheinen. Die Büschel sind auf einem dünnen Vlies aufgeklebt. Dieser Bodendecker kann zerschnitten oder als Ganzes für eine sumpfige Feuchtwiese bzw. ein Biotop verwendet werden.

Matten mit unterschiedlichen Grasfaserstrukturen (Auswahl)

Noch als Zubehör-Anbieter hat natürlich auch Bodendecker im Angebot. Auf der quadratischen „Wiese Sommer" (Art.-Nr. 07403) bauen sich sehr hohe Beigefasern auf und wirken schon fast wie Schilf. Die Farben der Fasern sind akzeptabel, auch wenn rote Fasern beigemischt sind. Weniger schön wirken die schrägen Beigefasern.

Die Struktur der „Weide (Brache)" von Noch (Art.-Nr. 07408) sieht ansprechend aus. Das abgefressene Gras ist trocken, während saftiggrüne Grasbüschel die Fläche überziehen. Wer die hohen, nicht abgefressenen Grünfasern mit feinen Schaumstoffflocken bedeckt, kann Brennnesseln nachbilden, die hier fehlen.

Die Bodendecker von MiniNatur haben je nach Jahreszeit unterschiedlichen Bewuchs. Die mehrfarbigen Landschaftswiesen wirken sehr lebendig. Der Unterbau trägt allerdings dick auf, was beim Landschaftsbau berücksichtigt werden muss.

Die Landschaftswiesen von MiniNatur mit einigen blühenden Pflanzen sind im Aufbau und in der Vegetationsdarstellung vergleichbar den andern, links abgebildeten Bodendeckern.

Die Spitzen der „Unkrautbüschel Sommer" (Art.-Nr. PW 402) hat Welberg mit feinen Schaumstoffflocken beklebt, was zu einem neuen Pflanzenbild geführt hat und die Modelllandschaft belebt. Das Grün passt am besten zum späten Frühsommer oder zu einem nassen Hochsommer in Mitteleuropa.

Die Matte „Unkraut Mittelgrün" (Art.-Nr. LWMG), ebenfalls ein Welberg-Produkt, stellt senkrechte, 4 bis 12 mm hohe rispenähnliche Grünpflanzen dar, deren Blattwerk feine Schaumstoffflocken imitieren. Die Flocken haften gut am Trägermaterial. Die Matte lässt sich zupfen oder schneiden.

Landschaftsmatten

Einige Anbieter gehen bei ihrem Angebot von Grasmatten sogar so weit, dass sie gleich komplett gestaltete Landschaften mit erdigem oder steinigen Untergrund anbieten, um so dem Anlagengestalter ein naturähnliches Produkt in die Hand zu geben. Diese Idee ist sicherlich interessant, aber damit legt man sich als Käufer auf die Produktphilosophie nur eines Herstellers fest, denn die Kombination von Landschaftsmatten verschiedener Hersteller will nicht harmonieren.

Die Ausführungen der kompletten Landschaften sind recht vielfältig und bieten dem ungeübten Anlagenbauer ein nicht nur schnelles, sondern auch glaubwürdiges Ergebnis, sofern die Produkte nicht zu bunt zusammengestellt worden sind. Im Hoch-

Matten für verkrautete oder verbuschte Landschaften (Auswahl)

Ein interessantes Produkt stellt „Wild area with bushes, Frühsommer" von Model-Scene (Art.-Nr.F572) dar. Die Fasermatte bietet niedriges Buschwerk, was im Allgemeinen in H0 fehlt. Nur die Blattfarben passen besser zum Altweibersommer oder Frühherbst.

Model-Scene hat auch einfache, blühende Naturwiesen auf Vlies geklebt im Sortiment, die zerschnitten werden können.

Polak bietet verschiedene Produkte für den Landschaftsbau, so auch unterschiedliche Bodenmatten, alle dick auftragend.

Wenig überzeugen können von Polak die Wiesenklumpen, die eine wilde Wiese darstellen sollen, während die Farben gefallen.

Wild geht es auf der Unkraut-Matte von Polak zu. Unterschiedliche Faserfarben und -längen sowie Blüten sorgen für ein buntes Bild.

Sehr herbstlich sieht es auf dieser Landschaftsdarstellung von Polak aus. Unterschiedliche Materialien werden verwendet.

Auch MiniNatur bietet komplett fertiggestaltete, verwilderte Bodendecker an. Die unterschiedlichsten Materialien werden auf einem Filzuntergrund aufgebracht. Die Blüten passen aber nicht.

Durch ein niedriges Pflanzenfeld schreitet unser Wanderer. Mit dem 2 bis 6 mm hohen „Unkraut Mittelgrün" von Welberg (Art.-Nr. SWMG) lassen sich niedrige Blaubeersträucher oder diverse Wildkräuter darstellen. Die Basis bilden bräunliche Fasern, beflockt mit feinem Turf.

Matten mit komplettem Landschaftsgrund (Auswahl)

Gleich einen ganzen See, wenn auch klein, mit zugewachsenem Ufer (Art.-Nr. 1312) kann man bei Busch erhalten. Das Wasser mit schemenhaft erkennbaren Fischen, vielleicht Karpfen, imitiert ein farbig bedruckter Papierbogen. Die sommerliche Wiese ist für Busch typisch mit bunten Fasern dargestellt.

„Bahndamm und Böschung" von Faller (Art.-Nr. 180474) besteht aus sehr unterschiedlichen Fasern. Während die beigen und hellgrünen Fasern einen sommerlichen Landschaftsrasen im Gebirge darstellen, gehören die dunkelgrünen Grasbüschel in eine Feuchtwiese. Beides zusammen kombiniert gibt es aber in der Natur nicht.

Die „Wildkräuterwiese" von Faller (Art.-Nr. 180479) ist eine Magerwiese, deren Vegetation Faller ganz gut trifft. Mit den zahlreichen eingebetteten Steinen passt die sommerliche Landschaftsmatte wunderbar ins baumlose Hochgebirge.

Das „Strukturgras Waldboden" von Heki (Art.-Nr. 1882) trägt zusammen mit dem Filzuntergrund insgesamt dick auf. Während die Vegetation ansprechend ist, fragt man sich, wo im Wald Kiesboden zu finden ist. Braune Blätter oder Nadeln liegen dort normalerweise.

Das „Strukturgras Dunkelgrün" (Art.-Nr. 1883) ist eine Mischung aus verschiedenen Materialien aus dem Hause Heki, so das Heki-Floor, verschiedene Grasfasern und brauner Bodenturf. Die Grasbüschel wirken wie kleine Horste, was der Matte ein zu punktuelles Aussehen verleitet.

MiniNatur hat seit 2020 eine „Viehweide" (Art.-Nr. 713-13) im Programm, deren Darstellung einen von Kuhmist gut gedüngten Landschaftsrasen mit Kräutern gut trifft. Kühe dürfen aber im Modell nicht auf ihr stehen, denn sie hat noch keine abgefressenen Stellen aufzuweisen.

„Wilder Dammweg Unkraut" nennt Welberg seine Landschaftsmatte (Art-Nr. WB-M024). 2 bis 6 mm hohe Grasfasern sind auf einem erdigen Untergrund aufgetragen und ergeben mit diversen Unkrautdarstellungen mittels Turfs und Flocks einen sehr abwechslungsreichen Bewuchs, dessen gedämpfte Grüntöne jedoch deutlich überwiegen.

Der üppig bewachsene „Waldboden" (Art.-Nr. WB-M052) von Welberg gehört weniger unter einen dichten Tannenwald, sondern eher in einen Kiefernwald auf sandigem Boden oder in locker bestandenen Laubwald. Eine Waldlichtung würde auch gehen. Als Jahreszeit kommt nur der Frühsommer in Frage.

Mit der Landschaftsmatte „Unkrautbüschel mehrschichtig" von Welberg 8Art.-Nr. PW 242) können in der Baugröße H0 ganze Brennessel- oder Blaubeerbuschkolonien in einer Heidelandschaft oder im Wald dargestellt werden. Die Vegetation passt mit ihrem üppigen Gesamtgrün in das späte Frühjahr oder in den Frühsommer.

Flickenteppich vermeiden

Grasfasermatten zur Gestaltung von Graslandschaften lassen sich recht einfach handhaben. Einige Hersteller wie Busch, Welberg haben ihre Fasern auf Trägerfolien aufgebracht, die sich in der Regel leicht von der Mattenunterseite abziehen lassen. Sie können dann mit der Hand in passende Größen gerissen werden, so dass auf diese Weise keine geraden Kanten entstehen. Wie Puzzleteile setzt man aus verschiedenen Mattentypen seine Graslandschaft zusammen oder klebt kleine Grasflecken auf den bereits fertiggestellten Untergrund.

Bei den meisten anderen Mattenanbietern sind die Fasern auf einem festen Materialträger aufgebracht, der mit einer Schere zerschnitten werden muss. Gerade Schnittkanten sind vorprogrammiert, obwohl ungleichmäßige Ränder wünschenswert sind. Unregelmäßige Kanten bei einigen Matten sind auch durch Reißen möglich, allerdings muss man recht viel Kraft aufbringen und es werden bei einigen Produkten ausgefranste Faserstränge des Trägernetzes sichtbar. Vor allem bei dieser Arbeitsmethode muss man höllisch aufpassen, dass die zu einer Graslandschaft zusammengesetzten Stücke nicht wie ein Flickenteppich wirken, da zu kantige Übergänge sichtbar bleiben.

Erschwerend kommt noch dazu, dass bei allen Produkten das Trägermaterial dick aufträgt und die ganze Faserlandschaft sehr hoch wird. Wege oder Straßenränder sollte man erst nach dem Zusammensetzen der Mattenlandschaft mit Splitt oder Mutterboden auffüllen, damit die Grasfasern nahtlos in die erdige Umgebung übergehen. Das heißt aber, sorgfältig zu arbeiten, um beim Auftragen von Sand und Splitt die Fasermatten nicht zu verschmutzen. In der Praxis ist diese Arbeitsmethode für Schaustücke oder kleine Anlagen anwendbar, aber wer große Flächen mit Fasermatten gestalten möchte, sollte lieber Einzelfasern mit einem Elektrostaten auftragen. Das führt letztlich bei etwas Übung zu einer natürlicher aussehenden Landschaft durch fließendere Übergänge, als es zusammengesetzte Matten je könnten.

Die Grasmatten beispielsweise von Busch lassen sich in kleine und große Partikel zupfen. Mit Haftkleber werden sie befestigt.

Man hat schnell den Dreh raus, wie man die Mattenstücke anordnen soll, damit eine natürliche Graslandschaft entsteht.

Fotos (2): Kurt Heidbreder

sommer sind die Grüntöne in der Natur eher ähnlich, einzig die trocknen Halme und die Blattarten sorgen für Abwechslung.

Welberg kombiniert seine Naturdarstellungen mit verschiedenfarbigen Fasern und Schaumstoffflocken, was zu einem sehr abwechslungsreichen Naturbild führt, aber mehr einem feuchten Sommer oder Frühsommer entspricht. MiniNatur bietet ebenfalls abwechslungsreiche Wiesen an, deren aufgestreute farbige Flocken jedoch als Blüten gedacht sind.

Faller und Heki haben auch Landschaftsmatten mit Grasfaserbüscheln in einer steinigen oder erdigen Umgebung in ihrem Sortiment. Diese Matten können weniger für eine großflächige Verwendung genutzt werden, da die vielen einzelnen Grasbüschel keinen flächigen Bewuchs darstellen.

■ *Verkleben*

Die Verarbeitung aller Matten ist verhältnismäßig einfach, je nach Trägermaterial. Saugende Träger kann man mit Weißleim flächig verkleben, allerdings sollten die Matten dann glatt aufliegen, was jedoch nicht alle Produkte gewährleisten. Das Beschweren mit Gewichten muss entfallen, weil an diesen Stellen die Fasern niedergedrückt würden. Alternativ verwendet man Haftkleber, der nach dem Andrücken der Matte sofort haftet.

»Landschaftsmatten können auch interessante Anregungen sein«

■ *Fazit*

Die Grasmatten erleichtern in der Tat die Arbeit für ungeübte Landschaftsbauer. Die Vielfalt ist groß. Keinesfalls kann man aber alle Produkte uneingeschränkt für die heutigen Ansprüche im Aussehen einer naturnahen Anlagenlandschaft heranziehen. Viele strahlen immer noch den Charme des 20. Jahrhunderts aus, obwohl Anspruch und Materialqualität in den letzten 20 Jahren merklich gestiegen sind. Alle Hersteller haben hier noch zum Teil erheblichen Nachholbedarf und man darf gespannt sein, was die nähere Zukunft an neuen, dann wirklich naturähnlichen Produkten bringen wird. Allerdings sind Matten kein Garant für eine natürlich aussehende Modelllandschaft. Die Übergänge zwischen verschiedenen Matten und der erdigen Umgebung wollen gut abgestimmt sein und zu unterschiedliche Mattenelemente sorgen für einen Flickenteppich.

Wer auf die Matten als Gestaltungsmittel zurückgreift, weil er sich nicht zutraut, selbst eine Landschaft zusammenzustellen, sollte allerdings bedenken, dass er sich bei der Wahl der Produkte meistens auf den selben Hersteller beschränken muss, um ein harmonisches Gesamtbild in Farbe und Struktur seiner Landschaft zu erzielen. Auch muss man mehr Geld für die fertigen Landschaftsmatten einplanen, als wenn man alles mit seinen eigenen Händen gestalten würde. Einige Fasermatten können aber eine interessante Bereicherung sein – und sei es nur als Anregung für den Eigenbau. *Markus Tiedtke*

Busch hat eine ganze Anzahl verschiedener Pflanzendarstellungen. Zusammen mit den verschiedenen Bodendeckermatten ergibt sich ein abwechslungsreiche Landschaft.

H0-Schaustück: Busch; alle Fotos, soweit nicht anders genannt: Markus Tiedtke (68)

Autos mit geöffneten Türen oder Klappen sorgen stets für betriebsame „action“ auf der Modellbahn.

Klappe auf

Straßenfahrzeuge mit offenen Türen und Klappen

In der ersten Folge haben wir uns mit der Optimierung, Verfeinerung und dem Teileigenbau von Autos beschäftigt. Diesmal wollen wir einen Schritt weitergehen und auch dem stehenden Verkehr mehr Aufmerksamkeit widmen, denn abgestellt heißt noch lange nicht ohne Aktion.

Autos beleben
Teil 1: Autos verfeinern
Teil 2: Autos mit offenen Türen

Das Öffnen der Heckklappe am R4 ist nicht schwierig. Die aus dem Glaseinsatz herausgetrennte Heckscheibe sollte durch dünne Klarsichtfolie ersetzt werden.

Weitere geöffnete Autos als Beispiele: Das Cabrio MB 190 SL, bereit zum Fahrereinstieg, und der zu beladende Opel Rekord Caravan P1.

Kabinenroller Zündapp Janus mit offenen Türen

Schwierigkeitsgrad
- Schwierigkeitsgrad 3

Materialliste
- Zündapp Janus von Herpa (Art.-Nr. 02751, zwei Modelle)
- dünne Isolierbandstreifen zur Türsicherung
- Spiegel von Weinert (Art.-Nr. 4358)

Nachdem die Beifahrerin vorn Platz genommen hat, beginnt das Gepäckeinladen. Ob das ganze Gepäck tatsächlich hinten in den kleinen Kabinenroller passt?

Für den Umbau des Janus-Serienmodells von Herpa benötigt man ein zweites Modell. Die Karosserie wird demontiert.

Aus diesem Modell werden mittels Seitenschneiders die Türen gewonnen und mit Nadelfeilen und Schleifpapier in Form gebracht.

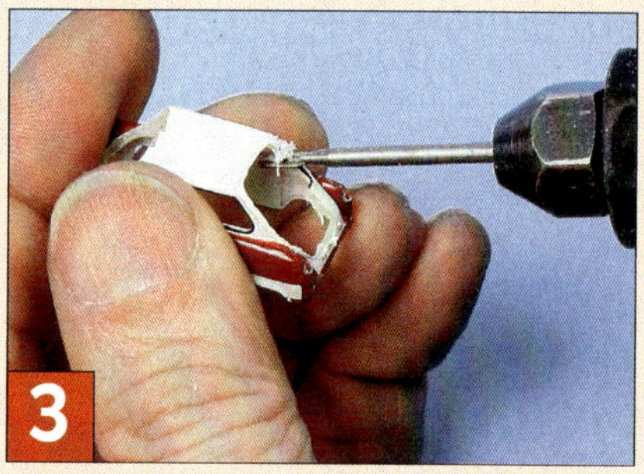

Ein Minidrill mit Dentalfräser und diamantierte Trennscheiben sind beim Heraustrennen der beiden Autotüren behilflich.

Beide Türen einschließlich Scheiben sind einbaufertig. Ebenso die ohne Türen vorbereitete, geöffnete zweite Karosserie.

Mit Acryl-Lackfarben wird die Inneneinrichtung und Bestuhlung koloriert. Dazu benutzt man möglichst einen feinen Marderhaarpinsel.

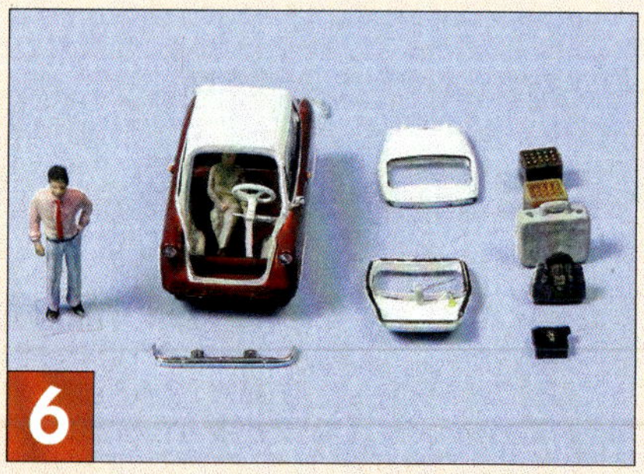

Nach Einstieg der Beifahrerin und Verladung des zahlreichen Gepäcks werden die beiden Türen offenstehend montiert.

Im Größenvergleich zu einem 10-Cent-Stück wirken die verglasten, bemalten und mit Nummernschildern versehenen Türen zierlich.

Das Modell des Janus mit geöffneten Türen gibt sehr schön sein beengtes Innenleben preis, wie der Vergleich zum Lieferzustand zeigt.

Ein Werbespruch des Modellfigurenherstellers Preiser besagte einst: „Und mit Preiserfiguren beleben!" Diese zutreffende Aussage erhält jedoch erst so richtig Bedeutung, wenn die Modellpersonen auch agieren können und sei es nur in einer Momentaufnahme. Das Autofahren haben sie ja schon im vorangegangenen Beitrag gelernt, als sie in den betreffenden Fahrzeugen platziert wurden. Steht jedoch keine große „helfende Hand" zur Verfügung, wie sollen sie dann bei allseits geschlossenen Türen ins Wageninnere gelangen?

Fahrzeugumbauten

Vor Zeiten hatte die Firma IMU sich über dieses Thema bereits Gedanken gemacht und einige Autos mit zu öffnenden Türen, Motorhauben und/oder Heckklappen ausgestattet. Auch bei der Firma AMW, die sich später in AWM umfirmierte, waren die VW-Käfer 1302 als Limousine und Cabrio ebenfalls mit zu öffnenden Heckklappen ausgestattet. Nach deren Öffnung ist hier sogar eine Boxermotorattrappe zu finden.

Die Idee, Fahrzeuge in Eigenregie umzubauen, ist natürlich nicht neu, sollte aber wieder in Erinnerung gerufen werden. Bei den hier vorgestellten Umbauten nimmt der Schwierigkeitsgrad kontinuierlich zu.

Kabinenroller Zündapp Janus

Als eine Herausforderung beim Umbau zeigt sich der Zündapp Janus von Herpa aufgrund seiner ungewöhnlichen Bauform.

Dieser Kabinenroller aus den 1950er-Jahren hat bekanntlich nahezu gleichgestaltete Vorder- und Rückseiten und darin auch jeweils eine Tür. Ungewöhnlich ist die Anordnung der hinteren Sitzbank, denn sie weist nach hinten und erfordert somit eine Fahrgastbeförde-

Pritschen-Lkw Framo 901/2 beladefähig

Nachdem das Heckbord abgeklappt ist, kann der Framo mit dem Gabelstapler bequem beladen werden.

Schwierigkeitsgrad
- Schwierigkeitsgrad 3

Materialliste
- Herpa (Art.-Nr. 013765, zwei Modelle)
- Spiegel und Scheibenwischer von Weinert (Art.-Nr. 4358)

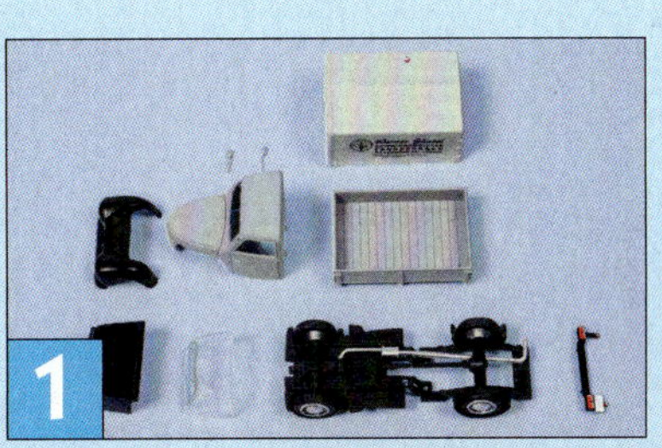

1 Das Herpa-Modell ist in seine Bestandteile zerlegt.

2 Das zweite Modell muss für die Tür herhalten. Diese wird mit dem Seitenschneider etwas großzügig aus der Karosse gezwickt und anschließend passgenau beigefeilt.

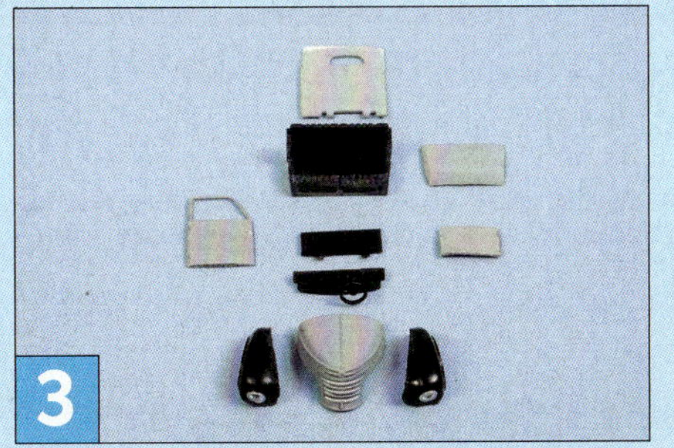

3 Inzwischen sind alle erforderlichen Teile aus beiden Lkw-Modellen fertiggestellt und können nun zu einem Fahrzeug mit geöffneter Fahrertür zusammengebaut werden.

4 Die Bemalung von kleinen Details erfolgt mit Lackstiften und Acrylfarben. Für die leichte Patinierung wird auf Wasserfarben aus dem Schulmalkasten zurückgegriffen.

5 Die beiden Hohlspiegel der Scheinwerfer erhalten vor Einsetzen der Scheiben einen Anstrich mit einem silberfarbenen Lackstift.

6 Zur Montage des Außenspiegels bohrt man die 0,3 mm messenden kleinen Löcher am besten mit einem Stiftenklöbchen.

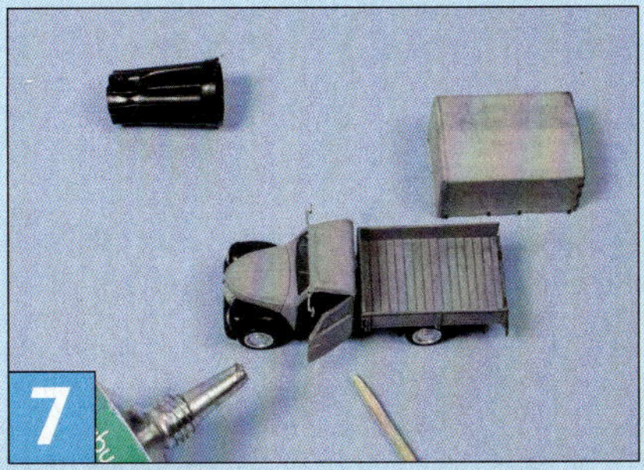

7 Werden die Fahrertür und auch die Heckbordwand mit Fotokleber fixiert, können beide Bauteile später leicht bewegt werden.

rung mit dem Rücken zur Fahrtrichtung. Dieser Umstand soll übrigens nicht jedem Fahrgast wohl bekommen sein!

Der Umbau dieses kleinen Modells erfordert schon etwas mehr Aufwand und in jedem Fall zwei Autos. Aus Modell eins werden die beiden Türen gewonnen, die mit genügend Fleisch aus der Karosserie herausgetrennt und anschließend exakt konturwahrend befeilt werden. Bei Modell zwei wird umgekehrt verfahren. Hier werden mit einem Dentalfräser die beiden Türen maßhaltig herausgearbeitet. Für die Scheiben gilt dann der identische Arbeitsgang.

Nachdem an den Türen die umlaufenden Gummidichtungen mit schwarzer Farbe aufgemalt, Halteschlaufen aus schwarzen Isolierbandstreifen angebracht und die Türen verklebt sind, kann nach Platzierung eines Beifahrers der Janus wieder zusammengesetzt werden.

Pritschen-Lkw Framo 901/2

Aber nicht nur Pkw bedürfen der Optimierung. Der kleine Framo von Herpa bietet die Möglichkeit, das Fahrzeug in einem Be- oder Entladungszustand zu präsentieren. Hierzu wird die Heckbordwand heruntergeklappt und die Fahrertür geöffnet.

Wegen der schmalen Streben des Führerhauses sind auch hier zwei Modelle für den Umbau erforderlich. Die hintere Bordwand lässt sich mit einer feinen Universalsäge abschneiden und im abgeklappten Zustand wieder am Ladebodenende ankleben. Wer es mag, kann dann das Fahrzeug vorbildgerecht bemalen und mit Spiegeln und Nummernschildern versehen.

Kässbohrer Setra S 150

Kommen wir zur Krönung der heute vorgestellten Bastelarbeiten. Nun heißt es, an einem Setra-Reisebus S 150 von VK-Modell, den es als Bausatz gibt, die hintere, zweiteilige Tür zu öffnen und die Kofferraumklappen herauszuarbeiten. Außerdem wird bei der Gelegenheit dann das gesamte Fahrzeug noch mit Spiegeln und Scheibenwischern von Weinert sowie mit erhabenem Frontscheibensteg (Polystyrolleiste) optisch aufgewertet und mit einigen Figuren bestückt.

Aus Sparsamkeitgründen fallen die Arbeiten komplett an nur einem Modell aus. Das notwendige Ausbauen der beiden Türhälften erweist sich wegen der schmalen Stege als etwas knifflig. Während die senkrechten Schnitte noch mit einer Universalsäge möglich sind, werden die Querschnitte mit einer abgerundeten, sägeblattähnlichen Klinge aus dem Faller-Sägeblatt-Set, eingespannt in ein dünnes Bastelmesser, vorsichtig vorgenommen. Bei den drei Kofferklappen wird genauso verfahren, um möglichst exakt zu arbeiten.

Werkzeuge

- Bastelmesser, Skalpell
- Seitenschneider
- Uhrmacherbogen mit feinen Metallsägeblättern
- Universalsäge (z. B. von Roco oder Peter Post)
- Kleinbohrmaschine, Trennscheiben
- Stiftenklöbchen
- Bohrer 0,3 mm und 0,5 mm
- Nadelfeilen, feinkörniges Schleifpapier
- diverse Pinsel

Beim motorischen Einsatz werden mit einem Minihandbohrer (z. B. von Böhler bzw. Kaleas minitool, Proxxon) nur runde Dentalfräser und diamantierte Schleifscheiben bei niedrigen Geschwindigkeiten benutzt. Letzteres ist wichtig, damit das thermoplastische Material der Fahrzeuge durch die beim Bearbeiten erzeugte Temperatur sich nicht anlöst oder gar schmilzt und das Werkzeug verklebt.

Auf die für diese Dremelmaschinen vorhandenen, hauchdünnen und scharfzahnigen Sägeblätter wird verzichtet, denn es geht von diesen Mini-Sägeblättern bei ungeübtem Gebrauch eine Verletzungsgefahr aus.

Reisebus Kässbohrer Setra S 150 bereit zum Einsteigen

Der Setra S 150 ist hier wie im Lieferzustand unterwegs, aber bereits vereinzelt bemalt.

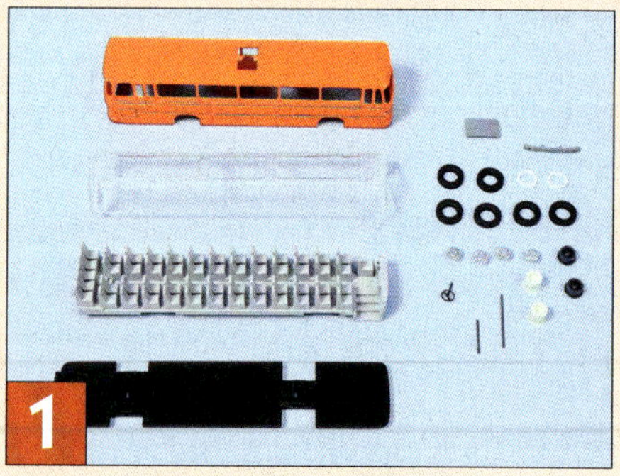

Der Bus-Bausatz von VK-Modelle.

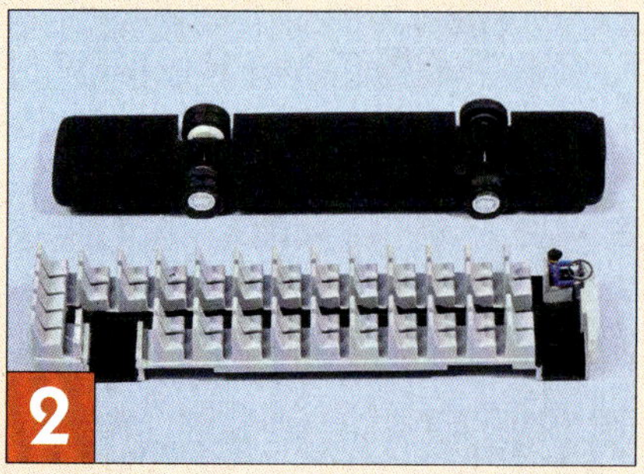

An den Sitzreihen des Busses sind im Bereich der hinteren Tür zwei Sitzbänke für den Türeinstieg herausgetrennt.

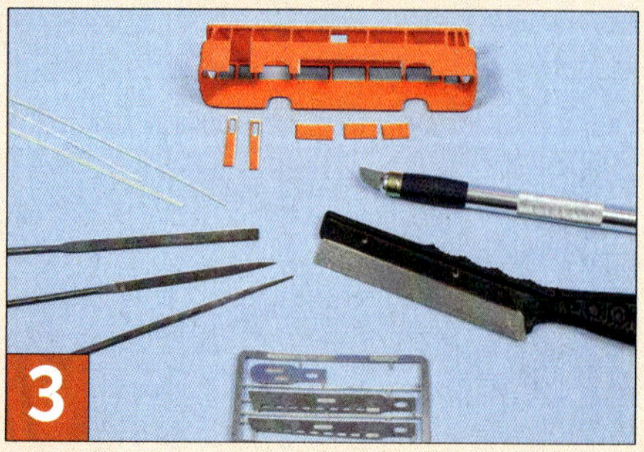

Wer es sich zutraut, schneidet vorsichtig die beiden Türflügel und drei Kofferklappen mit geringem Schnittverlust aus der Bus-Karosse.

Die Karosserie gewinnt erst durch die Bemalungen mit Lackstift, feinem Pinsel und der Alterung mit Wash-Farben nebst Netzmittel.

»Offene Türen und Klappen erzeugen neue Automotive«

Natürlich sind auch bei diesem Vorgehen Sägeschnittverluste unvermeidbar, die allerdings nur die Klappen und Tür betreffen.

Im Nachhinein wäre es wohl einfacher gewesen, einen zweiten, im Übrigen recht preiswerten Bus-Bausatz (ca. 10,- Euro) heranzuziehen. Dann wären an den Türen und Kofferklappen die seitlich nun notwendigen Ergänzungen wegen der Materialverluste durch das Sägen erspart geblieben. So werden die Fehlstellen mit passenden dünnen Evergreen-Leistchen ergänzt, verspachtelt und verschliffen sowie im Bus-Farbton lackiert.

Weil in der Businneneinrichtung statt der hinteren Aufstiegstreppen an der Hecktür durchgehende Sitzreihen angeordnet sind, müssen hier zwei Reihen herausgetrennt werden. Aus 2 mm starken, unterschiedlich breit geschnittenen Kunststoffstücken entstehen die Treppe und eine Kofferbodeneinlage Die Bauformen sowie die genauen Maße für diese Aktion entnimmt man dem vorderen Eingangsbereich und der Karosserie.

Nun geht es an die Verglasung. Hier sind im hinteren Türbereich die Ausnehmungen im Glaseinsatz vorzunehmen. Die Verglasung der beiden Seitenschwingertüren erfolgt am besten wieder mit einer dünnen, durchsichtigen Plastikfolie aus der Bastelkiste.

Bevor es mit den Montagearbeiten weitergeht, werden eine Bemalung des Busses und hier insbesondere das Lackieren der Stoßstangen, diverser Chromleisten und Lüftungsgitter, Rücklichter und Blinker empfohlen. Ein silberner Lackstift mit unverbrauchter, fester Spitze und eine ruhige Handhabung führen bei den Chromleisten zu guten Ergebnissen. Ist alles getrocknet, erhalten die Lüftungsgitter ihre „Durchlässigkeit" durch Aufmalen von schwarzer Wash-Farbe, beispielsweise von Vallejo. Im Innenraum wird mittels mattschwarzer Farbe ein Fußboden verlegt.

Außenspiegel von Weinert und Gummi-Stoßleisten an den Stoßstangen, bestehend aus aufgeklebten, schwarzen Kartonstreifen, ergänzen das Aussehen des Busses. Jetzt können auch schon einige Fahrgäste und der Fahrer in das Gefährt einsteigen.

Nun ist noch der markante Seitenschwinger aus zirka 4 mm langen und 1,5 mm dicken Rundprofilen oder Drahtstücken anzufertigen und an der Türinnenseite anzukleben. Dann können die beiden Türflügel an der Außenwand des Busses in zur Seite geschwungener Stellung angeklebt werden.

Zur Befestigung der offenstehenden Kofferklappen schneidet man ganz dünne Messingstreifen, die innen an den Klappen und der Karosserie als Scharniere fungieren. Vor deren Montage wird der bestehende Stauraum zwischen Fahrgestell und Innenboden seitlich mit Querwänden abgegrenzt und alles grauschwarz angemalt. Jetzt steht der Bus zur Fahrgast- und speziell hier Reisegepäckaufnahme zur Verfügung. *Bruno Kaiser*

Verwendete Materialien

Bei den Materialien kommen unterschiedlich geformte, dünne Evergreen-Leistchen und -Rundprofile zum Einsatz, die es u. a. im Faller-Vertrieb gibt. Mit Nitro-Spachtel, z. B. Revell-Plastikspachtel, lassen sich eventuell kleine Beschädigungen ausgleichen. Bei allen Umbauten werden folgende Materialien gebraucht:

- Nummernschilder, z. B. selbstgedruckt
- sitzende Figuren, z. B. von Preiser
- Plastik- und Sekundenkleber
- diverse Acrylfarben, Wash-Farben von Vallejo, Lackstifte

Schwierigkeitsgrad

- Schwierigkeitsgrad 3 (siehe Modellbahn*Schule* 9)

Materialliste

- Setra-Reisebus S 150 von VK-Modell (Art.-Nr. 30501)
- Spiegel, Scheibenwischer von Weinert (Art.-Nr. 4359)
- 2 mm starke Polystyrol-Platten
- 1,5 mm Rundprofile als Türscharniere, z.B. von Evergreen
- 0,3 mm schmale Messingstreifen für Klappenscharnierimitat

Der Setra-Bus ist vorm Reisebüro im Bahnhof vorgefahren. Nun heißt es, Koffer einzuladen und den Fahrgästen Plätze im Bus anzuweisen.

Fotos: Bruno Kaiser (26)

Herstellung von Kleinserien-Modellen

Teil 1: Urmodelle entstehen

Teil 2: Serienfertigung

Perfekte Urmodelle vom Modellbauer Peter Drescher

Hochdetaillierte Kleinserienmodelle aus Messing- und Weißmetallteilen haben natürlich eine Entstehungsgeschichte. Die meisten Käufer wissen aber nicht, dass das Talent eines Urmodellbauers das spätere Aussehen ganz entscheidend prägt.

Handwerk

Günther hat als H0-Bausatz jahrelang die Henschel-Schneeschleuder angeboten. Für die serienmäßigen Weißmetallgussteile wurden Urmodellteile aus Messing in höchster Detailtreue angefertigt.

pur

Die Henschel-Schneefräse, zusammengebaut von Joachim Reinhard, kommt als Günther-Modell auf einer Winteranlage zum Einsatz.

Der Günther-Bausatz setzt sich aus zahlreichen Weißmetall- sowie einigen Messingguss- und Ätzteilen zusammen.

Wie die Günther-Schneefräse entstand

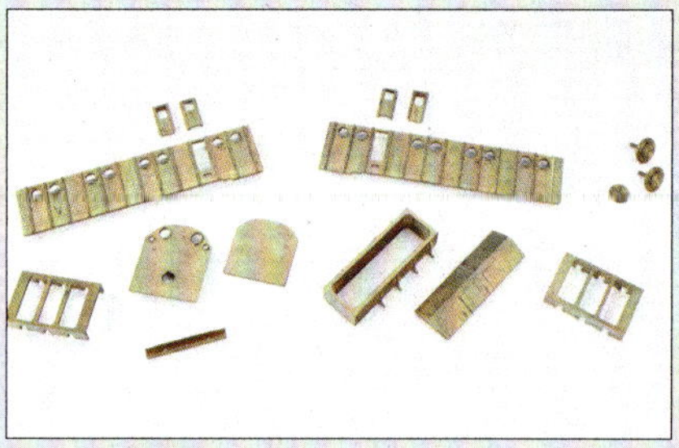

Mit den ersten Teilen des Messing-Urmodells der Günther-Schneeschleuder hat Karl Rauchenecker, der spätere Kopf von Micro-Metakit, etwa 1983 angefangen.

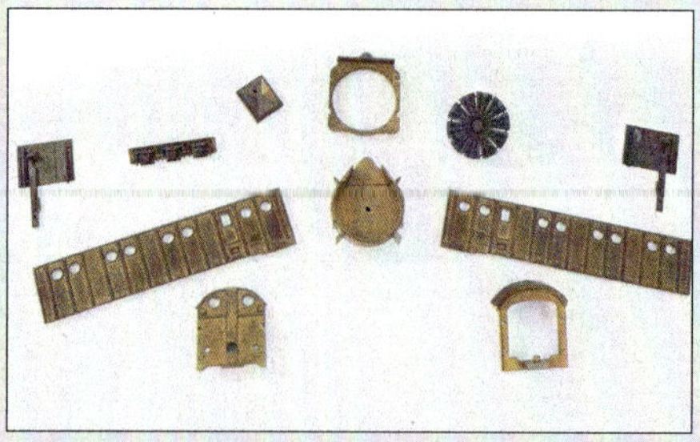

Peter Drescher hat zirka 1984 das nicht vollendete Urmodell komplett neu nach seinen Erfahrungswerten für Gussmodelle, gelernt bei M&F, angefertigt und schließlich fertiggestellt.

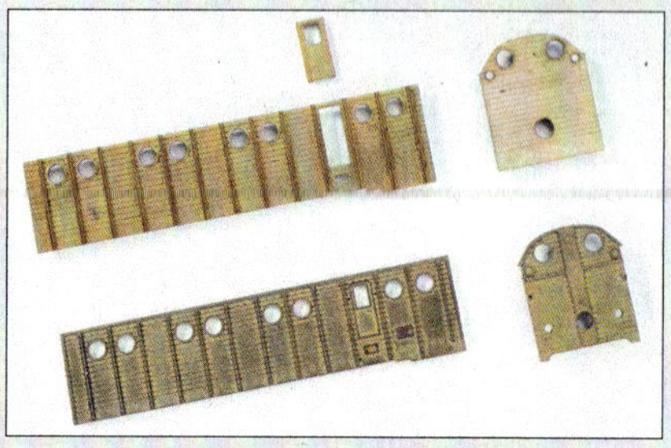

Die rechte Seiten- und die Stirnwand zeigen die unterschiedlichen Ausführungen der beiden Urmodellbauer: Oben Karl Rauchenecker, unten Peter Drescher.

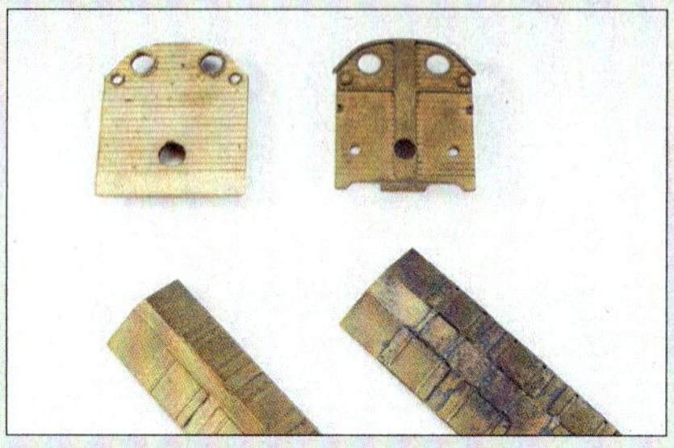

Stirnwand der Schleuder und Tenderklappen: Vergleich zwischen links Karl Rauchenecker und rechts Drescher.

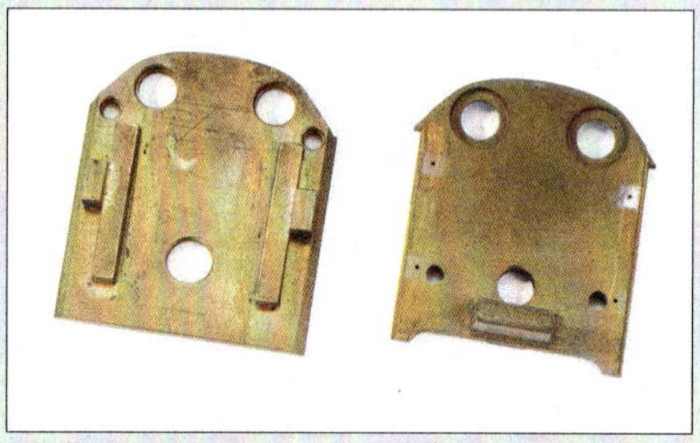

Die Rückseiten der beiden Stirnwände zeigen ebenfalls unterschiedliche Montagelösungen für später anzuklebende Bauteile.

Auch die Tenderrückseiten sind als Urmodelle unterschiedlich ausgefallen. Links wieder Rauchenecker, rechts Drescher.

Der Kasten der Frässchaufel besteht bei Drescher aus mehreren, zu Gussteilegruppen zusammengesetzten Messingteilen.

Die Schaufelräder der Schneefräse: Links das aus mehreren Teilen zusammengesetzte Urmodell, rechts das Weißmetall-Seriengussteil.

Das Urmodell der Drehgestellblenden hat Peter Drescher aus einzelnen Messingteilen zusammengesetzt und verlötet.

Blick auf die Frässchaufel bei einem von Peter Drescher für sich zusammengebauten Günther-Serienmodell der Henschel-Schneefräse.

Bekannte Fahrzeug-Urmodellbauer in Deutschland (Auswahl)

▪ Peter Drescher (+)	Bavaria, Fuchs, Günther, M&F, RaiMo, Weinert, Schwarz
▪ Heinz Kaiser (+)	M&F
▪ Gerhard Kasparek (+)	GK-Modelle
▪ Thomas Kolosche	Lok 14, Modellbahnmanufaktur Crottendorf
▪ Karl Rauchenecker (+)	Brawa, Günther, Micro-Metakit
▪ Gebhard Reitz (+)	M&F, Reitz
▪ Joachim Spieth (+)	Spieth
▪ Hans-Günther Teichmann	Teichmann
▪ Jürgen Veit	Bemo, MVT-Modellbau Veit
▪ Rolf Weinert	Weinert

Wer kennt eigentlich die Schöpfer von zahlreichen Kleinserien-Fahrzeugen? Die meisten Käufer von Kleinserienmodellen kennen sie wohl nicht. Peter Drescher war so ein Urmodellbauer. Viele namhafte, heute nicht mehr existente Kleinserienhersteller schätzten sein Können im Urmodellbau.

Er war kein gelernter Metaller. Sein Wissen und Können im Umgang mit Metallen entwickelte sich eigentlich aus seinem Hobby, der Modelleisenbahn. Angefangen hat alles mit dem Gleisselbstbau für seine Modellbahnanlage. Bald gesellten sich selbst angefertigte, zierliche Signale dazu. Angestachelt durch viele Bemerkungen in seinem früheren Modellbahnclub versuchte er sich Ende der 1970er-Jahre auch am Fahrzeugbau. Das eröffnete ihm ungewollt später den Weg zu einem der bedeutendsten Urmodellbauer Deutschlands. Auf der Trauerfeier des plötzlich verstorbenen Urmodellbauers von M&F, Heinz Kaiser, lernte Hermann Merker im Herbst 1978 Peter Drescher kennen und konnte ihn als einen der neuen Nachfolger für den Urmodellbau für M&F (Merker und Fischer) gewinnen. Zusammen mit Gebhard Reitz entstanden zu jener Zeit interessante Lokmodelle als Bausätze.

Zwei Urmodellbauer, ein fertiges Serienmodell

Günther-Modellbau beabsichtigte, ein H0-Modell einer Henschel-Schneeschleuder als Bausatz auf den Markt zu bringen. Selbst war er nicht in der Lage, ein Urmodell zu erstellen, weshalb er den Urmodellbauer Karl Rauchenecker, den späteren Kopf der Firma Micro-Metakit (Messing-Modelle), beauftragte, die benötigten Urmodelle für die späteren Weißmetallgussteile anzufertigen. Nachdem die ersten Teile vorlagen, aber deren Ausführung für die Herstellung in Weißmetallguss teilweise zu zierlich ausfiel, übernahm Peter Drescher diese Aufgabe – für ihn der Einstieg als Urmodellbauer bei Günther. Er fertigte alle bereits bestehenden Teile auf seine Art und Weise neu und komplettierte das Urmodell, so auch die Schaufelräder der Schneefräse. Das Serienmodell erschien schließlich 1985 und wurde zu einem Erfolg. Mit der Übernahme von Günther-Modellbau durch die Firma Weinert Ende 2008 sind einige der Urmodellteile in den Besitz von Rolf Weinert gelangt, der diese dankenswerterweise für Fotos (siehe Seite 84) zur Verfügung gestellt hat.

Dampflok der BR 41 von Peter Drescher, ein kompletter Eigenbau aus Messing in H0

Als dritte selbstgebaute Lok und als Beweis seines Könnens schuf Peter Drescher im Maßstab 1:87 eine Dampflok der BR 41 mit Nietentender. Das 1978 größtenteils fertiggestellte H0-Modell besteht fast komplett aus Messingteilen, die Drescher in seiner Freizeit in Heimarbeit selbst anfertigte. Auf Kaufteile wurde bis auf wenige Amaturen weitgehend verzichtet. Das durch die Messingteile schwere H0-Modell ist betriebstauglich.

Das Modell besticht nicht nur durch einzeln eingesetzte Nieten, sondern auch durch selbst hergestellte Speichenräder. Die faszinierende Ästhetik und Ausführung des Messing-Modells ist bis heute geblieben, da es niemals lackiert worden ist. Dieses Modell war der Beweis seines Könnens und der Startschuss als später erfolgreicher Urmodellbauer bei der Firma Merker & Fischer ab 1979 unter der Leitung von Hermann Merker.

Doch was versteht man unter Urmodellbau und wie geht man überhaut vor?

Ein Urmodell konzipieren

Zu Beginn des Urmodellbaus lag vor dem Computerzeitaltermit3-D-Konstruktionsprogrammen stets eine normale technische Zeichnung mit drei Ansichten und mit den erforderlichen Maßen in 1:87 vor. Bei M&F konstruierte Christian Fuchs, der später auch für die Firma von Bernhard Schwarz und für seine eigene Firma Modelle konstruierte, alle Modelle. Zusätzlich wurden auch, wenn vorhanden, Zeichnungen vom Vorbild zu Rate gezogen und natürlich waren auch Fotos vom Vorbild unerlässlich, vor allem bei den zahlreichen Details und Varianten.

Zuerst legte man fest, in welche Baugruppen die späteren Bausatzteile zerlegt werden

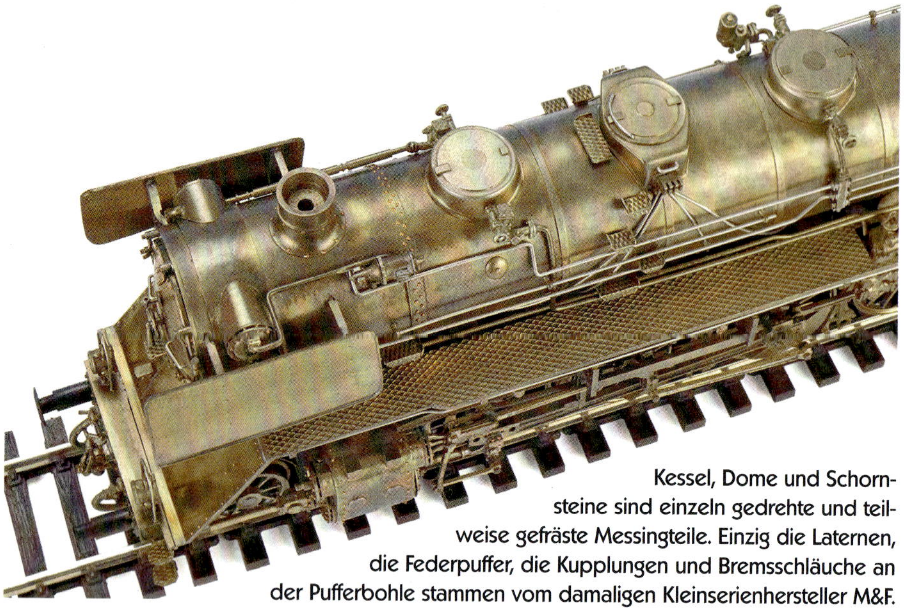

Kessel, Dome und Schornsteine sind einzeln gedrehte und teilweise gefräste Messingteile. Einzig die Laternen, die Federpuffer, die Kupplungen und Bremsschläuche an der Pufferbohle stammen vom damaligen Kleinserienhersteller M&F.

Der Stehkessel im Führerstand ist ein Weißmetallteil von M&F, alles andere sind selbst angefertigte Teile. Die Führerhauswände und das Dach sind gefräste Messingteile, in die die Nieten einzeln eingesetzt worden sind.

Steuerung und Räder sind kompletter Eigenbau. Auch am Kessel sind alle Leitungen aus Draht selbst angefertigt, lediglich die Handräder, einige Amaturen, sowie die Wasser- und Luftpumpen stammen von M&F.

Die Blattfederpakete an den Drehgestellen sind einzeln verlötete Messingbleche. Die Lok-Tender-Kupplung ist konventionell als Deichsel ausgeführt und sorgt bei großen Gleisradien für einen engen Lok-Tender-Abstand.

Die BR 41 als Meisterstück

Peter Drescher wollte einigen Bremer Eisenbahn-Clubmitgliedern beweisen, dass er nicht nur zierliche Zubehörteile für seine H0-Anlage anfertigen kann, sondern auch in der Lage ist, mit der Qualität von Lokmodellen namhafter Kleinserienhersteller mindestens mitzuhalten, wenn nicht sogar sie zu übertreffen. Auf seiner heimischen Drehbank von Neckermann fertigte er in seiner Freizeit als dritte Dampflok eine der BR 41 mit Nietentender. Für alle dafür erforderlichen Teile wählte er Messing, einzig der Stehkessel ist ein Weißmetallteil von M&F und einige Amaturen und Handräder hat er sich aus dem Sortiment von M&F ausgesucht.

Die Radreifen hat er selbst gedreht, in die er anschließend die einzeln gefrästen und gefeilten Speichen mit Hilfe einer selbst angefertigten Aluminium-Schablone einlötete. Kessel, Dome und vieles mehr wurden ebenfalls auf der kleinen Hobby-Drehbank, einem DDR-Import, hergestellt.

Zum Fräsen stand ihm keine Fräsmaschine zur Verfügung. Daher bastelte er sich einen zusätzlichen Höhensupport an Stelle des Drehmeißelhalters zum Führen der zu bearbeitenden Messingteile und erhielt so einen Dreiweg-Verstelltisch an seiner Drehbank. Den Fräser spannte er in eine Spannzange im Spindelstock ein. So wurde aus seiner kleinen Drehbank bei Bedarf eine Fräsmaschine.

Die Einzelwangen des Barrenrahmens hatte er auf Messingplatten aufgezeichnet, sodann mit der Laubsäge ausgeschnitten und präzise nachgefeilt. Erstmals setzte er alle Nieten einzeln, indem er kleine Sacklöcher bohrte, in die er 0,3-mm-Kupferdraht hineinsteckte, sie passend ablängte und dann mit einem selbstgemachten Nietkopftreiber durch vorsichtigen Hammerschlag abrundete. Bis dato hatte er zunächst mit in dünnen Blechen geformten Nieten experimentiert. Für den Bau der Lok hat er natürlich viel Zeit gebraucht, bis er das Modell Ende 1978 in Messingausführung Hermann Merker als Beweis seines Könnens präsentierte. Bis heute ist die Tenderlok so geblieben.

Als Antrieb hat Peter Drescher einen Fleischmann-Rundmotor ausgesucht und sorgte zu jener Zeit für eine hohe Antriebsqualität. Fahrwerk und Getriebe des Tenders wurden in Eigenanfertigung entsprechend angepasst.

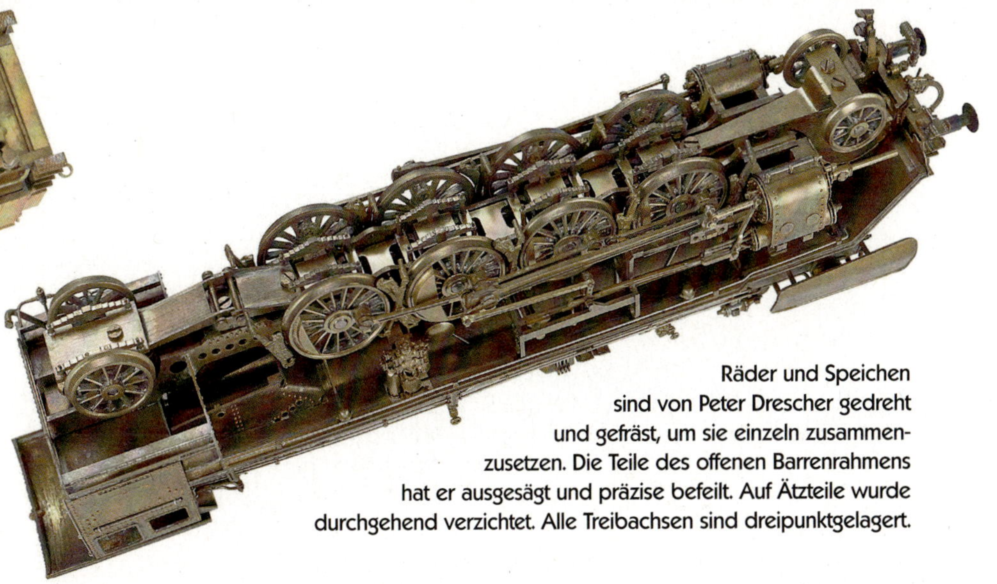

Räder und Speichen sind von Peter Drescher gedreht und gefräst, um sie einzeln zusammenzusetzen. Die Teile des offenen Barrenrahmens hat er ausgesägt und präzise befeilt. Auf Ätzteile wurde durchgehend verzichtet. Alle Treibachsen sind dreipunktgelagert.

»Urmodellbauer sind wie gute Uhrmacher – leider viel zu selten«

sollten, um sie bestmöglich als Urmodell herstellen zu können und wie sie auch später als Serienteile gegossen werden konnten. Vorgabe hierfür waren die Gießmöglichkeiten beim Gießer, bei vielen Kleinserienherstellern oft eine Fremdfirma.

Bei Weinert beispielsweise werden auch heute noch bei Dampflokomotiven grundsätzlich der Stehkessel im Urmodellbau immer geteilt in Oberteil links und rechts und Aschekasten unten. Auch das Führerhaus besteht aus mehreren Einzelteilen.

Schwund berücksichtigen

Zusätzlich muss man einen im Herstellungsprozess vom Urmodell zum Serienteil unvermeidlichen Schrumpf bei den Gummiformen und beim Guss mit einrechnen.

Je nach gewähltem Gummi der späteren Wachs- oder Schleudergussform kann der Schwund bis zu vier Prozent betragen. Diesen Wert muss man auf die 1:87-Maße aufschlagen. Da aber auch das zu gießende, heiße und flüssige Messing und Weißmetall beim Abkühlen ebenfalls geringfügig schrumpft, kommen die gemachten Erfahrungswerte noch obendrauf. Last, but not least muss auch der Schrumpf für die Wachsteile mit dazu gerechnet werden. Die Wachsteile sind als Zwischenschritt für die Erstellung der Serienteile erforderlich. Mehr dazu im zweiten Teil über die Herstellung von Kleinserienmodellen.

Alle Schrumpfwerte zusammengerechnet ergeben das tatsächliche Maß für das Urmodell; ständiges Umrechnen der 1:87-Maße ist also garantiert für jeden Urmodellbauer. Heute werden diese Maße ins 3-D-Konstruktionsprogramm übertragen und man kann alles in der beliebigt drehbaren Ansicht kontrollieren und maßlich abgreifen. Diese Methode war aber lange Zeit im Urmodellbau nicht möglich.

Urmodelle von Drescher für Günther-Modellbau (Auswahl)

Die Modellreihe der Köf II, hier die Köf IIb 4018 als H0-Modell, war lange Zeit ein Markenzeichen von Günther-Modellbau. Dieses Modell trägt die Handschrift von Drescher.

Der VT 70.900 ist ein bekanntes Günther-Modell, das heute als H0-Fahrzeug weiterhin von Weinert angeboten wird. Peter Drescher war einst für den Urmodellbau verantwortlich.

Der bayerischer MBCL (später ET 184) und seine Begleitwagen sind nach dem Erstellen der Urformen später einige der Lieblingsfahrzeuge von Peter Drescher geworden.

Start als Urmodellbauer bei M & F

Die kleine Diesellok Köf 0607 in H0 gehörte zu den beiden ersten Werken von Peter Drescher bei Merker und Fischer ab 1979.

Verschiedene H0-Ausführungen gab es von der 98 7573. Alle basieren auf den Urmodell-Varianten von Peter Drescher.

Der Urglaskasten entsprang der Liebe von Hermann Merker für bayerische Fahrzeuge. Weinert hat ihn überarbeitet im Programm.

Erst mit dem Auftauchen von CNC-Fräsmaschinen nutzte man auch das computergesteuerte Fräsen, bei Weinert erstmals beim Körper des DB-Wannentenders.

■ *Räumliche Vorstellung*

Die bildliche Vorstellung der perfekt zu treffenden Form eines Modells muss der Urmodellbauer in seinem Kopf visionär umsetzen können, ein Talent, das nur wenige in ausgeprägter Form hatten und haben. Peter Drescher gehörte zu jenen Auserwählten mit solch einem Naturtalent. Dazu kamen seine Geduld und Fingerfertigkeit, die ihn schließlich zu einem der besten Urmodellbauer Deutschlands werden ließen.

Probleme gab es hin und wieder bei der Umsetzung einer Rauchkammertür und bei Dächern sowie bei der Formgebung von Autos. Dann musste schon mal ein neues Urmodell erstellt werden, bis das optimale Ergebnis sich einstellte. Gute Modellbauer, so auch Peter Drescher, handeln bei der anstehenden Formgebung immer nach ihren Gefühlen und ihrer Vorstellungskraft, denn nützliche Hilfsmittel wie Schablonen oder 3-D-Modelle zum Abgreifen der Maße hatten sie damals nicht.

Ähnlich wie bei den Preiser-Figuren, deren Kleidungsfalten und Gesichtsformen leicht überproportioniert sind, um in den kleinen Maßstäben ab der Nenngröße H0 abwärts die Ausdrucksformen der Figuren besser erkennen zu können, werden auch bei den Weinert-Modellen und bei anderen Kleinserienherstellern manche zierlichen Details etwas größer als in exakt 1:87 dargestellt, um

Urmodelle von Drescher für Schwarz und Fuchs (Auswahl)

Die preußische Güterzuglok G7 (später BR 55) mit der Nummer 4643 in H0 ist ein frühes Werk von Peter Drescher für Schwarz-Modellbau.

Das H0-Lokmodell der 70 089 in der Epoche-II-Ausführung war ein Meisterstück im Urmodellbau und Dreschers Erstlingswerk bei Fuchs.

Die bayerische B XI in H0 mit der Nummer 1262 von Fuchs. Die Messinggussteile lieferte Schwarz-Modellbau, die Weißmetallteile Weinert.

Das Urmodell für die urige bayerische H0-Tenderlok nach dem Vorbild der 98 662 von Fuchs hat Peter Drescher ebenfalls geschaffen.

Urmodelle von Drescher für H0-Eisenbahnwagen (Auswahl)

Für die preußischen Abteilwagen von RaiMo hat Peter Drescher die Seitenflächen gebaut, um von den Urmodellen die Mutterformen für die Erodierelektroden zum Bau der Kunststoff-Spritzgussformen zu erstellen.

Bei Bawaria ergänzten einige Messinggussteile die in den H0-Bausätzen angebotenen zahlreichen Messingätzteile. Der Urmodellbau für die Messing-gussteile oblag in erster Linie Peter Drescher.

Die Lok der BR 78 von Weinert in H0, entstanden aus dem Urmodell von Peter Drescher

Das H0-Modell einer Lok der BR 78 von Weinert hat Peter Drescher als Urmodellbauer größtenteils geprägt. Den Barrenrahmen entwickelte Weinert.

Verschiedene Varianten kann Weinert aus unterschiedlichen Urmodellteilen anfertigen, so die zwei- und die dreidomige Ausführung.

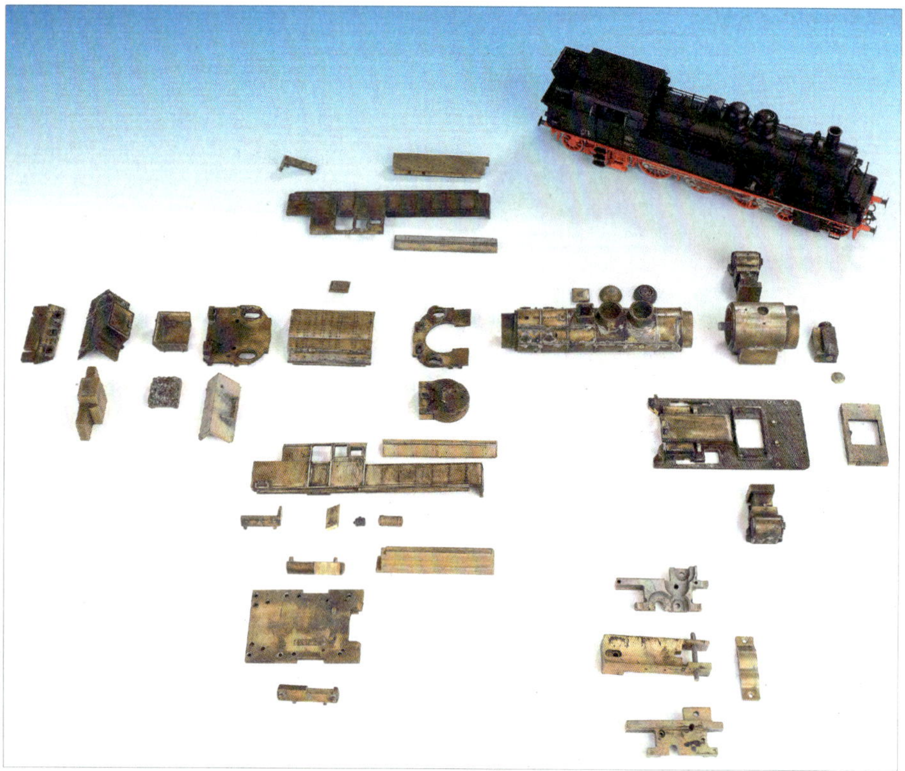

Alle Weißmetall- und Messinggussteile der 78 benötigen Urmodelle aus Messing. Diese sind händisch hergestellt worden. Teilweise müssen die Teile zu Gruppen zusammengesetzt werden, um ein abformbares Gesamtteil zu ergeben. Verschiedene Lokvarianten sind so möglich.

für das menschliche Auge besser erkennbar und in der Produktion gießbar zu sein. Diese eher zurückhaltende Art der Modelldarstellung gibt den Weinert-Lokmodellen erst ihr unverwechselbares Aussehen und ihre Lebendigkeit, was sich auch auf Modellfotos von Vorteil erweist, denn sie wirken dadurch wie das Vorbild selbst. Natürlich darf man bei dieser Methode nicht übertreiben und das wissen gute Urmodellbauer.

Ein Urmodell bei Weinert entsteht

Bei Weinert-Modellbau beginnt der Urmodellbau von Fahrzeugen auch heute noch nach derselben Methode wie in den 1990er-Jahren: Auf dem aus Messingätzteilen hergestellten und zusammengelöteten Fahrwerksrahmen baut sich nach Festlegung der Aufteilung der Einzelteile die Fertigung der Urmodellteile von Kessel und Tender auf. Peter Drescher hielt sich mit dem Start als Urmodellbauer bei Weinert im März 1982 stets an diese Vorgehensweise.

Zu Beginn seiner Karriere als einer der Nachfolger des 1978 verstorbenen, begnadeten M&F-Urmodellbauers Heinz Kaiser musste aber auch er 1979 bei M&F sogleich lernen, welche Forderungen an den Urmodellbau gestellt werden, damit später ein Serienteil problemlos entformbar ist. Er orientierte sich

Lok der BR 78: Urmodellteile mit Nieten und ihre Serienteile

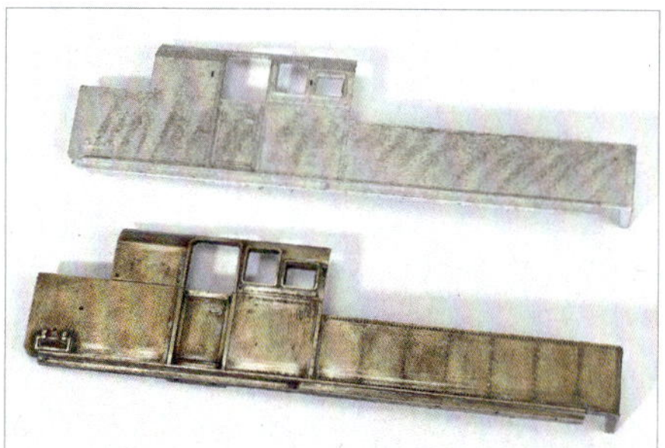

Die komplette Seitenwand besteht aus mehreren zusammengelöteten Messingteilen und Einzelnieten mit Durchmesser 0,22 mm.

Während man beim unlackierten Weißmetall-Serienteil die Nieten kaum erkennt, stechen sie beim Urmodell-Dach deutlich ins Auge.

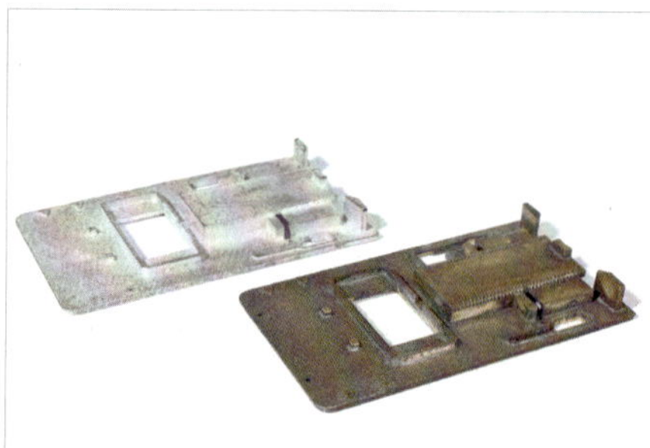

Auch der Umlauf setzt sich aus mehreren Einzelteilen zusammen. Die geätzte Riffelblechfläche wurde aufgelötet und dann bestückt.

»Urmodellbauer benötigen ein perfektes Raumvorstellungsvermögen und viel Geduld«

an den Urmodellen von Heinz Kaiser und lernte rasch, dass nicht alles im Urmodellbau umzusetzen sinnvoll ist, was in 1:87 wünschenswert und machbar wäre. Alle senkrecht abstehenden Teile benötigen zum Beispiel eine leichte Formschräge, um problemlos aus der Gussform zu gleiten.

Weinert hat seine ursprünglichen Leitungen aus Messingdraht bereits vor Jahren zusammen mit Armaturen und Rohrverbindungen auf Gussteile umgestellt. Diese Leitungen dürfen als Gussteile nicht zu zierlich ausfallen, vor allem, wenn sie lang sind, denn das Material Messing muss im Schleuderguss bis in die letzte Ecke der Form gelangen können.

Weinert benutzt keine Ätzteile für genietete Flächen, da die Niete als Ätzteil flache Köpfe besitzen. Hier konnte Peter Drescher sein Können voll ausspielen. Er setzte alle Niete bei seinen Urmodell-Fahrzeugen einzeln. Das war ein Geduldspiel, denn er musste für jede Niete ein 0,5 mm tiefes Sackloch in das Messingteil bohren, um einen Messingdraht von 0,3 mm oder 0,22 mm Stärke einzusetzen, je nach Vorbild. Beim Bohren dieser Löcher musste immer geschmiert werden, auch wenn es bei Messing normalerweise nicht üblich ist. So vermied er, dass die kleinen Bohrer stumpf wurden und abbrachen.

Jeder eingesetzte Draht wurde passend abgelängt und anschließend gerundet. Dafür hatte sich Peter Drescher eigene Spezialwerkzeuge angefertigt, um die Arbeit zu vereinfachen und zu vereinheitlichen.

Bei dickwandigen Bauteilen muss auch heute noch nach dem Abkühlen der Gussmasse eine mögliche Einfallstelle durch Materialschrumpfung vermieden werden. Daher versucht man, möglichst gleichstarke Wände, auch bei Kesseln, zu erzielen. Weinert fertigt alle seine Kessel mit einem später herausziehbaren Formkern, um Material zu sparen. Fallen unterschiedlich dicke Teile zusammen, versucht man sie einzeln herzustellen, weshalb das Urmodell und der spätere Bausatz oft aus zahlreichen Einzelteilen bestehen.

Die Karriere von Peter Drescher

Peter Drescher war ein gefragter Urmodellbauer. Seine bei M&F begonnene Karriere dehnte sich im Laufe der Zeit schon bald auch auf andere Hersteller aus, so beispielsweise bei Bernhard Schwarz, als dieser seine eigenen Modelle anbot. Ebenso fertigte er Modelle für Fuchs und für Günther, bei letzterem u. a die schwere Güterzuglok E 95.

Auch Bavaria wurde bei ihm vorstellig. Dort entwickelte er einige Urmodelle für Messinggussteile, während er bei den anderen genannten Modellanbietern viele Fahrzeug-Urmodelle komplett fertigte. Auch bei Weinert trat er als Urmodellbauer an, als gerade die BR 01 Neubaukessel als Zurüstsatz in der Planung war. Sein Erstlingswerk war jedoch ein Signal-Schmalmast in H0, bevor er dort mit dem Lok-Urmodellbau begann.

Für ihn war sein neuer Arbeitgeber auch ein räumlicher Vorteil, denn er wohnte in der näheren Umgebung von Weinert. Dort blieb er als geschätzter Urmodellbauer bis zu seinem Tod 2018. Zusammen mit Rolf Weinert entstanden auch einige Autos, manchmal als gemeinsame Projekte.

Sein Formgefühl auch für Autos führte ihn zu Praline. Dort entwickelte er Urmodelle aus Messing, deren Positivform in einem galvanischen Prozess eine dicke Nickelschicht erhielt, die mit Hinterfütterung stabilisiert wurde, um anschließend als Negativform vom Urmodell getrennt zu werden und erneut in einem gal-

Dampflok der BR 78: Wie Niete in der Tenderlok entstanden sind

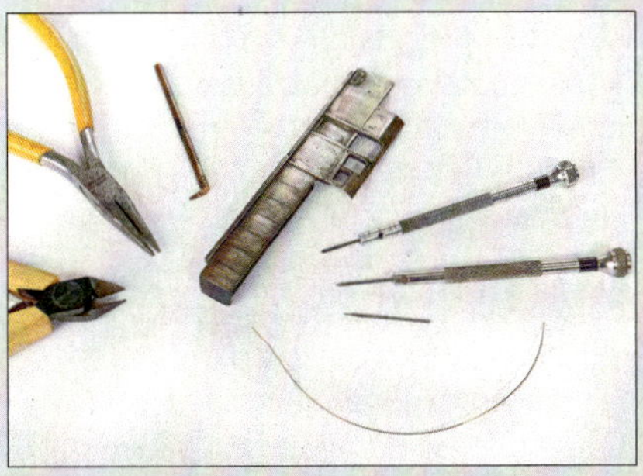

Für die Herstellung aller Niete hat Peter Drescher ausschließlich Messingdraht in kleine, 0,5 mm tiefe Bohrlöcher gesteckt.

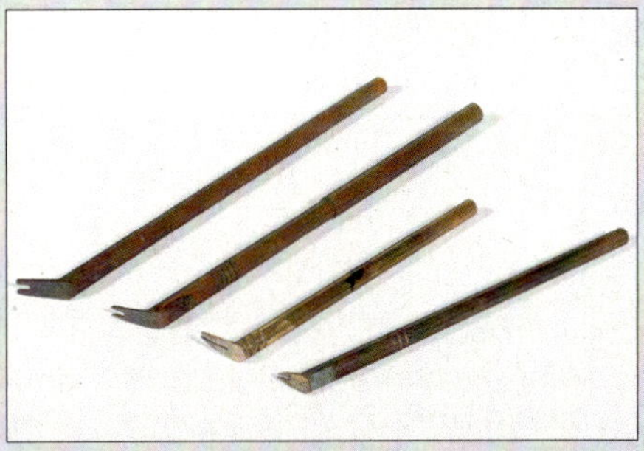

Je nach Nietkopfgröße hat er sich passende Distanzhalter zum längengenauen Abtrennen des überstehenden Drahtes angefertigt.

Zum perfekten Abrunden des in der Bohrung steckenden Drahtes fertigte er sich spezielle, nach innen gewölbte Nietkopfsetzer.

Hier demonstriert Rolf Weinert die Vorgehensweise von Peter Drescher beim Bau.

Der Abstandhalter sorgt beim Abtrennen des Drahtes für stets gleichlange Drahtenden.

Mit einem leichten Schlag auf den Nietkopfsetzer erhält der Draht einen runden Kopf.

Lok der BR 78: Kessel und Leitungen als Urmodelle

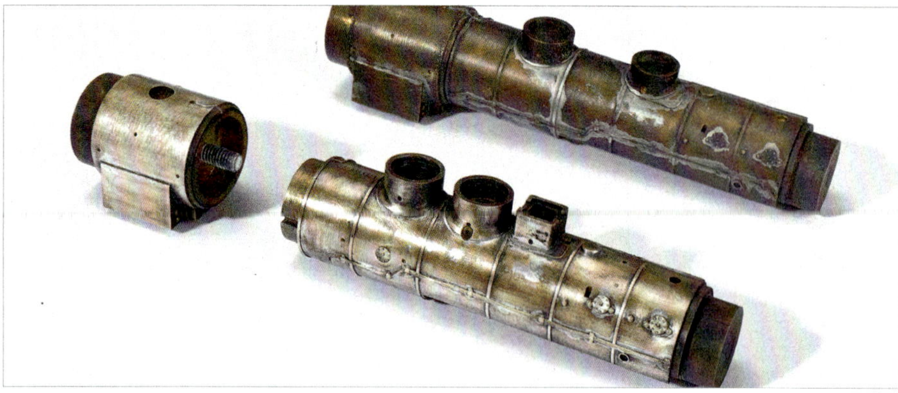

Kessel und Dome sind separate Anfertigungen, damit Weinert unterschiedliche Varianten der BR 78 anbieten kann. Die Feuerbüchse wird beim Urmodell an die beiden Kessel wahlweise angeschraubt.

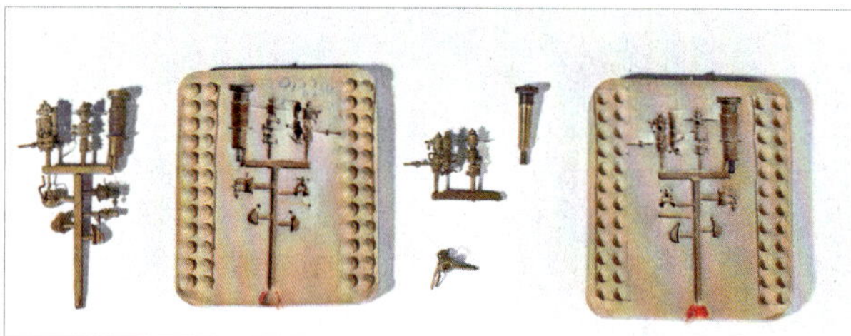

Die später als Messinggussteile angebotenen Urmodelle werden als Gummiform abgeformt. Dazu müssen die Einzelteile zu Gussbäumen zusammengesetzt werden. Separate Messingstangen als Gusskanäle werden angelötet. Die Gummiform dient zur Herstellung von Wachsformen für die Serienherstellung.

Die beiden Pumpen sind als Urmodelle wahre Meisterstücke, bei denen Peter Drescher sein ganzes Geschick zeigen konnte.

BR 78: Vom Urmodell zum Serienrad

Da beim Anfertigen von Gummiformen die Schrumpfung des Gummis eingeplant sein muss, fällt das Urrad (links) stets größer aus als das fertige Serienrad (ganz rechts).

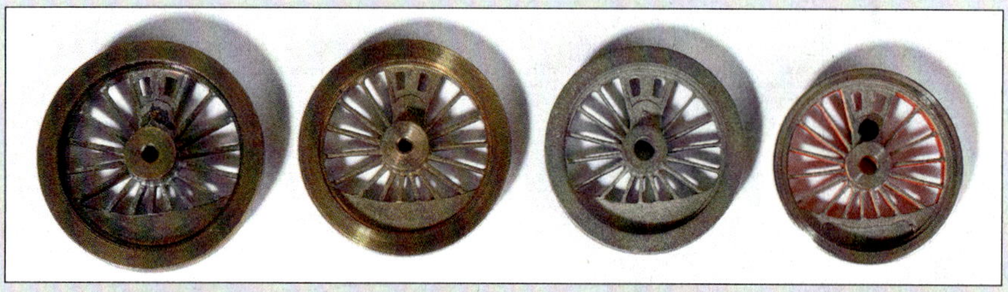

Die Rückseite der Räder zeigt, dass auch die Zwischenform (2. von links) etwas größer ist. Sie dient als Mutterform zur Vervielfältigung der Wachsteile-Gummiform und schützt die Urform. Das gegossene Serienprodukt (3. von links) muss zentriert, umfangreich bearbeitet, mit Buchsen ergänzt und lackiert werden, bevor es als Präzisionsteil ausgeliefert werden kann.

vanischen Prozess für die Herstellung einer Positiv-Kupferform herzuhalten. So konnte man aus der Nickel-Mutterform gleich mehrere Elektroden für den Werkzeugbau herstellen. Man sparte sich so das kostspielige Kupierfräsen.

Diese Vorgehensweise hatte Peter Drescher bereits bei RaiMo gelernt. Dort fertigte er aus Messing Urmodelle für die Seitenwände von späteren Kunststofffahrzeugen, so beispielsweise für preußische Abteilwagen, die im gleichen Verfahren hergestellt wie bei Praline für den Werkzeugbau sehr nützlich waren. Heute wird diese Methode zugunsten von CNC-Fräsern und 3-D-Druck nicht mehr angewendet.

Peter Drescher war als Urmodellbauer ein emsiger Mensch und prägte mit seinem Können viele Weinert-Modelle und heute zu Kult gewordene Kleinserienmodelle. Trotz vielfältiger Modelle schlug sein Herz jedoch stets stärker für Dampflokomotiven. Diese Art von Urmodellbauer stirbt allerdings aus, denn neue Fertigungsverfahren in der digitalen Welt lösen die künstlerische Handarbeit zunehmend ab.

Markus Tiedtke, unterstützt von Rolf Weinert

Für den Kanal-Reinigungswagen hat Peter Drescher das Fahrwerk und das Führerhaus sowie Rolf Weinert den Kessel mit Amaturen gefertigt.

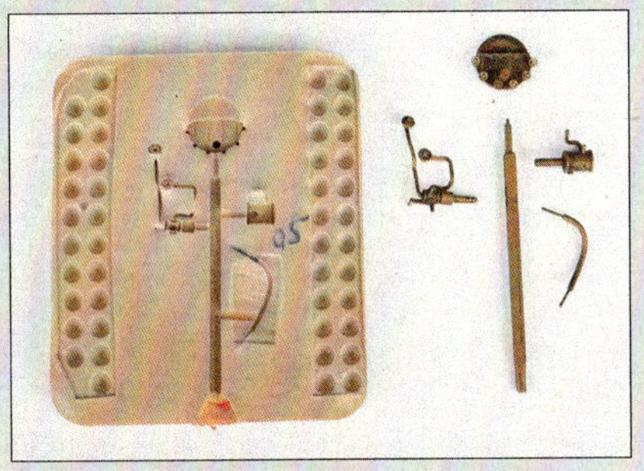

Auch hier werden die Kleinteile zu Gussgruppen zusammengefasst und abgeformt.

H0-Straßenfahrzeug von Weinert

Wie bei Lokomotiven setzt sich auch das Urmodell des Reinigungswagens aus zahlreichen Messingteilen zusammen.

Auf der Modellbahnanlage von Rolf Weinert macht der Kanal-Reinigungswagen eine gute Figur.

Innovationen im Modellbahnangebot

Auffallende Entwicklungen und aktuelle Trends im Rückblick

Neue „alte" Modelle, trotzdem keine Wiederholungen

Anspruch an Optik und Technik führt zur stetigen Weiterentwicklung

Die 01 war einst Rocos-Vorzeigelok, die im Laufe der Zeit nur geringfügig modifiziert wurde.

Brawa konnte für seine 01 in H0 einen Konstrukteur gewinnen, der sein Handwerk versteht. Alle Proportionen stimmen.

Jahr für Jahr erwarten die Modellbahner neue Lokmodelle und die Hersteller müssen produzieren, um zu verkaufen. Parallelmodelle verschiedener Anbieter sind nicht zu vermeiden, doch die werden immer besser.

Brawa: Tempo und Eleganz
Die 01 ist der Inbegriff für eine deutsche Schnellzug-Dampflok. Kein Wunder, dass sie auch auf den Modellgleisen nicht fehlen darf. Das hat sich auch Brawa gesagt und zeigt, welche Detailtreue heute bei einem H0-Großserienmodell der 01 machbar ist. Das graue Dach der 01 193 symbolisiert, dass sie den Luxuszug „Rheingold" bei der Reichsbahn zog (Art.-Nr. 40902).

Roco: Kraftpaket für Berge
Die Dampflok der Baureihe 95 ist mittlerweile beim fünften Modellbahnhersteller als H0-Lok erschienen, jetzt bei Roco in Hightech-Ausführung mit viel Digital und dynamischem Dampf. Vom einst eingekauften Fleischmann-Modell ist nicht viel übriggeblieben. Die beim Vorbild mit Öl betriebene 95 0014-1 der DR hat zahlreiche, zum Teil empfindliche Ansteck- und Zurüstteile und macht eine gute Figur (Art.-Nr. 71096).

Piko: Oldtimer unter Strom
Schlag auf Schlag geht es bei Piko zu, jetzt wieder ein einst bei Roco erschienener E-Lok-Oldtimer, die E 91 101, auf dem neusten Stand der Technik und Optik. Da gerät Roco als jahrelanger Gleichstrom-Platzhirsch gehörig unter Strom (Art.-Nr. 51544).

Hinten die erste 95 in H0, von Liliput erschienen 1982, vorne das neuste Modell von Roco mit jeder Menge Digitaltechnik und Dampf.

Zu seiner Zeit war das Roco-Modell der E 91 sehr ansprechend, doch Piko zeigt, dass in H0 noch weit mehr Details und Digital möglich sind.

Neu als H0-Bausatz: Weinerts 41 mit T 34-Tender in Kleinserie.

Neu für Fahrzeugumbauer: Adler Modellbau mit Teilen für die 03 205.

Einzelgänger on Tour

VT 92 501 als Clubmodell von Märklin

Märklin überrascht immer wieder mit interessanten Lokmodellen, die es bislang noch nicht in H0 gab. Solide Technik und Detailtreue sind auch im Gleichstrommarkt dank Trix beispielhaft.

Als Schlepptriebwagen und Urahn der späteren „Eierköpfe" ist der VT 92 501 auf Märklin- und Gleichstrom-Gleisen unterwegs.

Corona – Basteln während der Pandemie

Bemerkenswerte Gebäude für den heimischen Basteltisch

Auch wenn der Postbote davonrennt, wir betrachten die marode Fassade beim Busch-Modell.

Wiederaufbau im Osten oder nur Modernisierung im Westen, beides geht dank Auhagen.

Auch im Corona-Jahr 2021 haben wieder zahlreiche Gebäude das Licht der Welt erblickt. Wir picken uns einige Beispiele für neue Ideen im letzten halben Jahr heraus.

Busch: Verwitterte Fassade

Mit verfallenen Fassaden auf dem Papierbogen zum Bekleben von Lasercut-Häusern aus eigener Produktion geht Busch konsequent einen neuen Weg weiter, um möglichst realistisch aussehende Modelle dem Käufer anzubieten, ohne dass er/sie eine künstlerische Ausbildung benötigt, um mit Farben einen ähnlichen Effekt zu erzielen. Beim unvermeidlichen Druckraster muss man allerdings sehr genau hinsehen (Art.-Nr. 1909).

Joswood: Schief und krumm

Im Programm bei Joswood taucht erstmals ein in die Jahre gekommenes Kleingebäude auf, bei dem man trotz handwerklich perfektem Modellbau ein schiefes Gebäude erhält – nicht weil die Bauteile ungenau hergestellt sind, sondern weil der Ziegenstall als H0-Modell windschief konstruiert worden ist, um den Hinterhof neu zu beleben (Art.-Nr. 21031).

Noch: Wohnen im Allgäu

Typische Bauernhäuser aus dem Voralpenland in Deutschland gibt es merkwürdigerweise bis heute nicht. Dem hat Noch mit seinem Bauernhaus aus verschiedenfarbigen, gelaserten Kartonagen ein Ende bereitet. Zusätzliche kleine Ausstattungsmaterialien wie Vogelkästen und Kruzifix gehören dazu (Art.-Nr. 66714 für H0 und 63714 für N).

Auhagen: Aus Alt mach Neu

Die „Schmidtstraße" ist zum Markenzeichen der Stadthäuser von Auhagen geworden. Nun kann man sie renovieren. Zwei H0-Stadthäuser findet man in der überquellenden Bausatzschachtel vor. Der kleine Laden hat eine Schaufensterausstattung; die Baustelle lebt vom offenen Dach (Art.-Nr. 11 463).

Der Bauernhof von Noch kommt aus Bayern.

Vollmer führt bei H0 und N Polyplate ein.

Schief und bröckelig steht der Ziegenstall von Joswood da. Doch das stört die Preiser-Hausfrauen (Art.-Nr. 10741) beim Aufhängen ihrer Wäsche nicht.

Zum Muttertag

Nette Geste in der Welt der Figuren

„Blumen für die Mama, welch eine Überraschung". Preiser vergisst bei seinen Großfiguren nicht die menschliche Seite.

Der Unimat von Viessmann ist für Märklin ein H0-Modell geworden, das voller Technik steckt.

Viessmann auf dem Überholgleis

Vom Lampenbauer zum Hightech-Unternehmen

Der Lkw mit Viessmanns neuem Car-Motion-System lässt viel Spiel- und Fahrfreude aufkommen.

Jedes einzelne Fahrzeug des Car-Motion-Systems kann mit dem hier gezeigten Magnetstift, mit Magneten in der Straße versteckt oder mit einer Infrarot-Fernbedienung individuell gesteuert werden. Der kleine Akku sitzt im Führerhaus hinter dem Fahrer.

Jeder fängt mal klein an, so auch Viessmann 1988. Heute gehört das Unternehmen zu den führenden im Zubehörsektor und zeichnet sich vor allem durch Technik aus.

Märklin und Viessmann: Unimat

Der Gleisbau auf den modernen Bahntrassen kann beginnen, denn der Unimat von Märklin rollt endlich auf den Gleisen. Viessmann hat viel Technik in das H0-Modell gesteckt. Der Modellbahner erhält auch ein exzellent lackiertes und bedrucktes Fahrzeug.

Viessmann: Autofahren neu erfunden

Ausnahmsweise greifen wir an dieser Stelle der Entwicklung ein wenig vor, doch dafür gibt es einen trifftigen Grund, das neue Car-Motion-System von Viessmann. Es wurde Ende Januar vorgestellt und soll im Sommer dieses Jahres ausgeliefert werden.

Auf den ersten Blick sehen die neuen H0-Lkw wie gewöhnliche Fahrzeuge für das Faller-Car-System aus, doch die innere Technik hat es in sich: Automatisches Fahren mit Abstandhalten zum Vordermann dank Infrarotkommunikation. Diese lässt auch mit einem Handregler die Fahrzeuge in der Geschwindigkeit regeln und steuern. Beim Abbiegen blinkt es und beim Bremsen leuchten rote LED auf, auch bei den Sattelaufliegern und Anhängern. Auf Wunsch kann der Fernscheinwerfer eingeschaltet werden; Lichthuppen ist also möglich. Auch muss der Fahrer nicht im Dunklen sitzen, wenn er mal Rast macht.

Die gesamte Technik findet im Chassis der Lkws Platz, ebenso Getriebe und Motor. Neben den Epoche-V-Modellen sollen weitere für die Epoche III folgen, auch Pkws. Die neue Technik hat noch erhebliches Ausbaupotential.

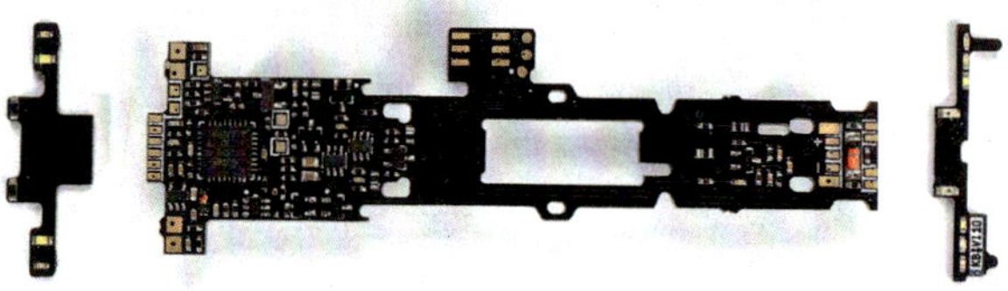
Start in die Zukunft dank Micro-Elektronik und Kleinstmotor mit Getriebe, alles versteckt im Fahrzeugchassis.

ModellbahnSchule
Modell Eisen Bahner

Ausgabe 46/2022

SO ERREICHEN SIE UNS:
ABONNEMENT
Modelleisenbahner Abo-Service
Gutenbergstraße 1, 82205 Gilching
Tel.: 01 80/5 32 16 17*
oder 0 81 05/38 83 29 (normalerTarif)
Fax: 01 80/5 32 16 20*
@ E-Mail: leserservice@modelleisenbahner.de
www.modelleisenbahner.de/abo

Preise: Einzelheft 12,90 € (D), 14,20 € (A), 23,50 SFr (CH), B/Lux 14,80 €, NL 15,90 € bei Einzelversand zzgl. Versandkosten.

Den schnellsten Weg zu Ihrem Modelleisenbahner finden Sie auf www.mykiosk.com.

NACHBESTELLUNG von älteren Ausgaben
Tel.: 01 80/5 32 16 17*
oder 0 81 05/38 83 29 (normaler Tarif)
@ E-Mail: service@verlagshaus24.de
*14 ct./Min. aus dem dt. Festnetz, Mobilfunkpreise max. 42 ct./Min.

@ E-Mail: redaktion@modelleisenbahner.de
www.modelleisenbahner.de

ANZEIGEN
@ E-Mail: bettina.wilgermein@verlagshaus.de
Bitte geben Sie auch bei Zuschriften per E-Mail immer Ihre Postanschrift an.

IMPRESSUM
Anschrift: ModellEisenBahner, Infanteriestraße 11 a, 80797 München
Verantwortlicher Redakteur: Markus Tiedtke
Trinom Publikation
Rosmarinweg 31, 50859 Köln
Tel.: 0 221/16 90 42 69
Fax: 0 221/16 90 42 68
@ E-Mail: trinom-publikation@web.de

Redaktion & freie Mitarbeiter: Michael Butkay, Ulrich Gröger, Bruno Kaiser, Andreas Lüneburg, Thomas Schmid, Rolf Weinert

Redaktionsassistenz: Angelika Gäck, Tel: +49 (0) 89.13 06 99 860

Leitung der Herstellung: Sandra Kho
Herstellung: Sabine Springer
Layout: Snezana Singer

Verlag: GeraMond Media GmbH
Infanteriestraße 11 a, 80797 München, www.vgbahn.de

Geschäftsführung: Clemens Schüssler, Oliver Märten, , André Weijde
Editorial Director: Michael Hofbauer

Gesamtleitung Media: Bernhard Willer
Anzeigenleitung: Bettina Wilgermein, E-Mail: bettina.wilgermein@verlagshaus.de
Tel: +49 (0) 89.13 06 99 523

Anzeigendisposition:
Hildegund Roeßler, Tel: +49 (0) 89.13 06 99 551
hildegund.roessler@verlagshaus.de
Es gilt die Anzeigenpreisliste vom 01.01.2022

Mediadaten: www.verlagshaus-media.de

Vertrieb/Auslieferung:
Bahnhofsbuchhandel, Zeitschriftenhandel:
MZV Moderner Zeitschriftenvertrieb, Unterschleißheim

Vertriebsleitung: Dr. Regine Hahn

Druck: Walstead Central Europe, Polen
Bildredaktion und Bearbeitung: Markus Tiedtke
Lektorat: Dr. Karlheinz Haucke

ISSN 0026-7422
ISBN 978-3-96453-548-1

Gerichtsstand ist München
Verantwortlich für den redaktionellen Inhalt: Markus Tiedtke
Verantwortlich für Anzeigen: Bettina Wilgermein

GERANOVA BRUCKMANN
VERLAGSHAUS